景观设计要素

正

陈莺娇 著

福建美术出版社

U0739412

图书在版编目（CIP）数据

景观设计要素/毛文正著. —福建：福建美术出版社，

2007.3

ISBN 978-7-5393-1799-1

Ⅰ.景… Ⅱ.毛… Ⅲ.景观—园林设计 Ⅳ.TU986.2

中国版本图书馆CIP数据核字（2007）第045757号

景观设计要素

毛文正　著

出版发行：福建美术出版社

印　　刷：福州德安彩色印刷有限公司

开　　本：787×1092mm　1/12

印　　张：7.5

版　　次：2007年5月第1版第1次印刷

印　　数：0001-5000

书　　号：ISBN 978-7-5393-1799-1

定　　价：58.00元

"一幢房屋属于建筑学范畴，两幢建筑则形成景观。因为只要两幢建筑并置在一起，城镇景观的艺术便产生了，建筑物彼此的关系与建筑物之间的空间也就变得重要起来。"

序
foreword

近10来，毛文正先生一直从事环境艺术的创作研究，并取得了骄人的成绩，这本专著的出版是他关于人文与当代艺术及当代技术综合研究的又一个重要阶段性成果。

福建师范大学美术学院1985年创建设计专业，作为学科带头人，毛文正先生具有前瞻性的视野，能敏锐地把握教学、科研与社会需求之间的关系，在专业设置和师资配置方面都有独特的判断力和执行力。作为曾经的美术学院中的一员，我目睹了设计专业的稳健发展和毛文正先生的智慧。

城市环境艺术与当代社会生活有着密切的联系，城市对公共环境和住宅环境的需求度在过去的10年内急剧提高，从简单的绿化到概念景观、生态景观，景观设计的科学性和艺术性达到了前所未有的高度，从传统园林资源到国际最新当代设计信息，交织突现在当代中国景观设计状态之中，良莠不齐的景观设计师们获得了前所未有的广阔天地。

10年大浪淘沙，毛文正先生却在景观设计界鹤立鸡群，以其深厚的文化积淀和大量的成功设计实践充分显示出其个人魅力，在全国性的设计竞赛和景观设计专题展览中屡获殊荣。近年来，其领导的团队也获得快速健康的成长，已能与境外优秀设计企业同台竞争，在设计观念、造价核定、协同施工、人力资源等系统工程方面体现出本土的优势。显然，这本专著是他关于环境艺术创作设计理念的一个总结。

在翻阅该书样稿的时候，我突然记起，作者曾经有四年生活学习在中国古典园林的中心——苏州。

是为序！

王鸿

于中国美术学院

2007年5月

目录
Contents

01

园林，在中国古代根据不同的性质也称为园、囿、苑、园亭、庭院、园池、山池、池馆、别业、山庄等，美、英各国则称为garden、park、landscape等。其共同的特点，即在一定的地段范围内，利用或改造自然山水地貌或者人为地开辟山水地貌，并结合植物的栽培和建筑的布置，从而构成一个供人们观赏、游憩、居住的环境。

园林在当代也有各种不同的解释：

陈从周教授《园林丛谈》："中国园林是由建筑、山水、花木等组合而成的一个综合艺术品，富有诗情画意。叠山理水要造成虽有人作、宛自天开的境界。"这个定义简洁而抽象，概括出园林是综合艺术品，勾勒出园林的精髓。

孙筱祥教授《园林艺术及园林设计》："园林是由地形地貌与水体、建筑物和道路、植物和动物等素材，根据功能要求、经济技术条件和艺术布局等方面综合组合而成的统一体。"

杨鸿勋教授《中国古典园林结构原理》："在一个地段范围内，按照富有诗意的主题精雕细刻地塑造地表（包括堆土山、叠石、理水竖向设计）、配置花木、经营建筑、点缀驯兽，从而创造出一个理想的富有自然趣味的境界。"

张家骥教授《中国造园论》："园林，是以自然山水为主题思想，以花木水石、建筑等为物质表现手段，在有限的空间里，创造出视觉无尽的，具有自然精神境界的环境。"

《中国大百科全书》中有对园林最完整的定义："在一定地域范围内运用工程技术和艺术手段，通过地形（或进一步筑山、叠石、理水），对种植树木花草，营造建筑和布置原路等路径创作而成的美的自然环境和游憩境域。园林包括庭院、宅园、小游园、花园、公园、植物园、动物园等，随着园林学科的发展还包括森林公园、风景名胜区、自然保护区或国家公园的游览区以及休养胜地等等"。

太保相宅圖

太保

《诗经·公刘》中"既溥既长，既景乃冈，相其阴阳，观其流泉"，是因势利导，利用地形的向背，形成了建筑方位。还有《诗经·定之方中》的"定之方中，作于楚宫。揆之以日，作于楚室"，测绘地形，选定地址。

由于中国社会很早地进入了农耕文明的定居生活，相地就有着积极生存意识，大到王朝宫室的建筑，小到普通百姓的住宅，相地就不仅仅是一种仪式，而且包含着对自然条件的合理利用。背山临水，坐北向南，几乎是最基本的生活条件。北半球的生存条件基础是面向南方接受太阳的照射，"万物生长靠太阳"，"雨露滋润禾苗壮"，也基本 说明了这种原理。

《太保相宅图》是周代选择"洛邑"时的过程记录，有着"体国经野，辨方正位"的立本意义。

计成在《园冶·相地》中讲求利用不同的自然地理条件，"园基不拘方向，地势自有高低"，得到合理巧妙的建筑布局。

老樹土墻畫法

修竹柴門畫法

"堂虚绿野犹开，花隐重门若掩。掇石莫知山假，到桥若谓津通。桃李成蹊，楼台入画。围墙编棘，窦留山犬迎人；曲径绕篱，苔破家童扫叶。秋老蜂房未割，西成鹤凛先支。"（《园冶》）

篱笆土墙，老树柴门，新笙迎风。总见冬雪夏云，春华秋实。村庄地造园有其野逸之风的便利，风物远眺，青山绿水，真正是"不设藩篱，恐风月被他拘束；大开户牖，放江山入我襟怀"的壮美情怀。

一、中国古典园林的起源与历史演变

大约从公元前11世纪的奴隶社会末期到19世纪末叶封建社会解体为止，在三千余年漫长的不间断的发展过程中形成了独树一帜的风景式园林体系——中国园林体系。

中国古典园林的持续完善的契机得益于中国特殊的政治、经济、意识形态三者之间的平衡、再平衡和自我调整，分生成期、转折期、全盛期、成熟期和成熟后期等五个时期。

1. 生成期

经历奴隶社会末期和封建社会初期的1200多年的漫长岁月，相当于殷周秦汉四个朝代。

2. 转折期

三国曹操在邺城修筑"铜雀楼"，又名"铜爵园"，铜雀、金虎、冰井三台，宛若三峰秀峙，开凿水池为水景亦兼养鱼。除宫殿建筑外，还有贮藏兵械的武库，储存冰炭粮食的冰井台，是一座兼有军事坞堡功能的皇家园林。

魏晋南北朝时期是历史上一个大动乱时期，也是思想、文化、艺术上有重大变化的时期，儒、道、佛、玄诸家争鸣，彼此阐发。佛教和道教的流行，使得寺观园林也开始兴盛起来，造园活动普及于民间且升华到艺术创作的境界，私园也得以发展。西晋石崇有金谷园，"余有别庐在金谷涧中，清泉、茂林、众果、竹柏、药草具备，又有水碓、鱼池、土窟，其为娱目欢心之物备矣"。《洛阳伽蓝记》记载了北魏首都洛阳的显宦贵族："擅山海之富，居川林之饶。争修园宅，互相夸竞。崇门之室，洞户连房，飞馆生风，重楼起雾。高室芳树，家家而筑。花林曲池，园园而有。莫不桃李夏绿，竹柏冬青"。

南朝诸代以建康(今南京)为都城，宫苑以华林园最为著名，园林以玄武湖为最。梁元帝萧绎造湘东苑，其山水主题更为突出，穿掘沼池，掇山叠石，亭榭楼阁，又植以花木，且妙用借景，这已成为后代山水园的蓝本。

《渔歌图》

中国古典园林艺术的兴盛与社会生活有着密切的关系。园林融汇了住宅和娱乐的许多功能，寄寓着造园者的人文理想和生活意识，也表达了园主人文学、艺术、人生的诸多观念，从而使古典园林成为中国哲学思想的最高体现。老子《道德经》中的"人法地，地法天，天法道，道法自然"、《庄子》中"天地与我并生，万物与我为一"的观点，以及后来又融进了禅宗的"芥子纳须弥"的思想，园林的存在成为"人即宇宙，宇宙即人"的意境写照。

《论语》中"仁者乐山，知者乐水"，是中国古典文化中固有的山水情怀，在园林中得以实现。实以园林安家，居、游、观、思，也是个人精神的一种反思和激励。陶渊明诗"望云惭高鸟，临水愧游鱼"，范仲淹《岳阳楼记》中"处江湖之远，则忧其君"，不仅仅是对国家制度的某种期望，也包含了个人生命意识的觉醒，以及在现实社会中的尴尬和无奈。

《渔歌图》作为一种绘画题材在宋元以后大量出现，寄托着文人雅士"逍遥江湖，得大自在"的精神理想模式。

3. 全盛期

隋、唐时期，帝国复归统一，豪族势力和庄园经济受到抑制。中央集权的封建官僚机构更为健全、完善。在诸家争鸣基础上，形成儒、道、释互补共尊，儒家仍居正统地位。

隋代的大兴城，虽继承周制，即宫城居中、前朝后市、左庙右社的传统，又沿用曹魏邺城改进方案，采取宫城、皇城、大城三重环套的配置形式。其中以西苑最为著名，以湖渠水系为主体，将宫苑建筑融于山水。这是中国园林从建筑宫苑演变到山水建筑宫苑的转折点。

华清宫位于陕西临潼，以骊山温泉和杨贵妃赐浴华清池的艳事而闻名于世，内有著名的贵妃池和长生殿。白居易在《长恨歌》中提到："七月七日长生殿，夜半无人私语时。在天愿作比翼鸟，在地愿为连理枝。"

唐代自然园林式别业山居：盛唐诗人、画家王维在蓝田山经营"辋川别业"形成既有自然之趣，又富诗情画意的自然园林；中唐白居易在庐山香炉峰下设置草堂；文学家柳宗元在柳州城南沿江处发现一块弃地，斩除荆丛，种植竹、松、杉、桂等树，临江配置草堂。

唐宋写意山水园：《洛阳名园记》中记载，唐宋大都在面积不大的宅地里，因高就低，掇山理水，表现山壑溪池之胜，点景起亭，揽胜筑台，茂林蔽天，繁花覆地，小桥流水，曲径通幽，巧得自然之趣。

4. 成熟期和成熟后期

两宋到清初为成熟期，清中叶到清末为成熟后期。

北宋山水宫苑：北宋时建筑技术和绘画都有了发展，出版了《营造法式》，宋徽宗筑万岁山，后更名艮岳，有瀑布、溪涧、池沼形成的水系，是一个山水兼胜，树木花草群植成景，亭台楼阁因势布列的全景表现山水、植物和建筑之胜的园林。

三代建都北京，完成西苑三海（北海、中海、南海）、圆明园、清漪园（今颐和园）、静宜园（香山）、静明园（玉泉山）及承德避暑山庄等，都达到园林建设的高潮期。

乾隆时期圆明园从28景增至40景,包括曲苑风荷、坐石临流、北远山村、映水兰香、水木明瑟、鸿慈永佑、月地云居、山高水长、澡身浴德、别有洞天、涵壶朗鉴、方壶胜境等。后另附园"长春园"、"绮春园"。人们曾将圆明园和法国的凡尔赛宫称为世界园林史上的两大奇观。

承德避暑山庄,始建于康熙四十二年(1703年),完成于乾隆五十七年(1792年),占地564万㎡,是现存最大的皇家园林。

元、明、清私家园林,"妙在小,精在景,贵在变,长在情"。

苏州拙政园,园主为明御史王献臣,名取晋代潘岳《闲居赋》中"灌园鬻蔬,以供朝夕之膳,是亦拙者之为政也"。

岭南私家园林,岭南泛指我国南方五岭以南地区。清初,岭南的珠江三角洲地区在园林布局、空间组织、水石运用和花木配置方面形成自己特点,异军突起,成为与江南、北方鼎足而立的园林三大风格之一。

宋代郭忠恕《仿辋川图》

相传唐代王维将自己隐居的蓝田辋川别墅景致绘成了《辋川图》。后此图流失,被演绎成《雪溪图》一类的面貌,而无法看到真实画面。后人读诗联想,揣摩辋川景象,反映了对王维艺术思想的景仰。

王维是唐代第一流的音乐家、画家、诗人、佛学家。他先有终南别业一所,后宦海沉浮,奉孝侍母,又购买诗人宋之问的辋川别墅,用了八年时间,因地敷形,临水构筑,成为一片山景园林。王维枕乐其中,吟咏辋川,与友人裴迪唱和《辋川集》40首,使后人看到了一幅幅"诗画一体"的优美画面。

"湖上一回首,青山卷白云。"其间的鹿柴、来家濑、竹里馆等景致,幽深静湛、空灵超然。如《鹿柴》所写:"空山不见人,但闻人语响。返景入深林,复照青苔上。"折射出诗人别样的心怀。

元明清的造园理论:从相地、立基、铺地、掇山、选石、借景等几个方面论述造园艺术,提出"虽由人作,宛自天开","巧于因借,精在体宜","寓情于景,情景交融"为其造园思想和"相地合宜,造园得体"等主张,为造园艺术提供了珍贵的理论基础。

二、中国古典园林的特点:本于自然,高于自然;小中见大,大中有小;虚中有实,实中有虚;曲径通幽,手法含蓄;空间的流通与对比;诗情画意。

一、日本庭院

日本庭院风格——缩景园：模仿自然风景，并缩景于一块不大的园址上，象征一幅自然山水风景画。

日本庭院形式：

1. 筑山庭：主要是山和池，规模较大，表现山岭、湖池开阔，还有海岸、河流的景观。值得一提的是另外一种筑山庭形式——"枯山水"，也叫"涸山水"、"唐山水"，用白沙象征水，水中置石，用以表现大海、岛屿、山峦及河流、瀑布。

2. 平庭：布置于平坦园地上，有的堆土坡，有的仅于地面聚散一些大小不等的石组，布置石灯笼、植物、溪流，象征山野和谷地的自然风貌。

3. 茶庭：布置在筑山庭或平庭之中，四周围起竹篱，有庭门和小径通过，到最重要的建筑即茶汤仪式的茶屋。庭院还有洗手钵和石灯笼。植物主要是常绿树，极少用花木。庭地和石山有青苔，表现自然意境。

二、中日造园手法的差异性

唐宋以后的中国园林日趋世俗化，园内充满居住、待客、宴乐、世俗生活内容；而日本园林多成于禅僧茶人之手，追求的是参悟禅理，故园内禅味甚重。

1. 建筑：中国园林规模相对较大，园林建筑多且体量大；日本园林尺度较小，园林建筑少且体量小。

2. 水体：中国园林用的都是真水，构筑形态主要模仿大自然；日本主要用白沙象征水，即使用真水，也主要是某种理念的形象化体现或者象征。

3. 山石：假山是中国园林点睛之笔，可看，可游；日本一般只用覆盖草皮的土山，枯山水中枯石体量很小，象征着山峦。

4. 植物：中国园林的绿化少且多用高大浓荫的乔木或灌木；日本大量用低矮植物和草地。

5. 中日造园思想的差异性：中国园林受儒家思想影响，是入世的；日本园林受佛家影响，是出世的。

第四节　西方园林简介

西方园林的起源可以追溯到古埃及和古希腊。古埃及人重视林荫，尼罗河每年泛滥退水后，古埃及人需要丈量耕地，因而发展了几何学，也把几何概念用到园林。古代希腊园林分为公共活动的游览园林、城市宅园(柱廊园)、寺庙园林。罗马继承希腊造园艺术，添加些西亚因素，逐渐发展成为大规模园庭，即别墅园。

其中在园林史上影响比较大的有：

一、文艺复兴时期的意大利台地园

意大利台地园一般依水就势，辟出台层，主体建筑在最上层，每个台层用挡土墙分隔，由洞府、壁龛、雕塑小品、水等重要题材，充分利用地形高差形成不同的叠水、跌水、瀑布，在下层台地利用高下水位差做成喷泉，又在最底层台地把众水汇成水池。

二、法国园林

法国多是平原、河流湖泊形成的法兰西园林传统特征，一是森林式栽培，一是河流湖泊式理水，形成具有法国民族特色的精致而开朗的规则式园林。

三、英国自然式风景园

15世纪前以草原牧地式为主；

16—17世纪受意大利文艺复兴影响，一度流行规则式园林风格；

18世纪受浪漫主义思潮的影响，传统的风景园得以复兴，尤其在威廉·康伯介绍中国式自然园后，出现崇尚中国式园林时期；

19世纪后，英国园林成熟地发展为自然风景园林。

四、美国是移民国家，各人种都带来各自国家的文化，形成园林形式、风格的多样性，主要属于欧洲型；内容丰富多样，具有一定的混杂性。美国园林对世界的影响是巨大的：

第一个贡献：世界第一个国家公园"黄石国家公园"；

第二个贡献：提出"风景建造"(Landscape Architecture)；

第三个贡献：提出"城市森林"理论。

02

第一节　景观设计师职业定位

　　景观设计（Landscape Architect）即美国"风景建造"概念，是美国风景式园林的进程中所提出的一大贡献。指运用专业知识及技能，以景观的规划设计为职业的专业人员，其职业目标是实现建筑、城市和人的一切活动与周围环境人文的和谐相融。

　　景观设计师所要处理的对象是土地综合体的复杂的综合问题，而决不仅是某个层面，如视觉审美意义上的风景问题。景观设计师面临的是土地、人类、城市和土地上一切生命的安全与健康以及可持续发展的问题。他是以土地的名义、以人类和其他生命的名义，以人类历史与文化遗产的名义，来监护、合理地利用、设计脚下的土地及土地上的空间和物体。

　　北京大学景观设计学研究院院长俞孔坚这样定义：景观设计师是运用专业知识及技能，以景观的规划设计为职业的专业人员，他的终身目标是将建筑、城市和人的一切活动与生命的地球和谐相处。

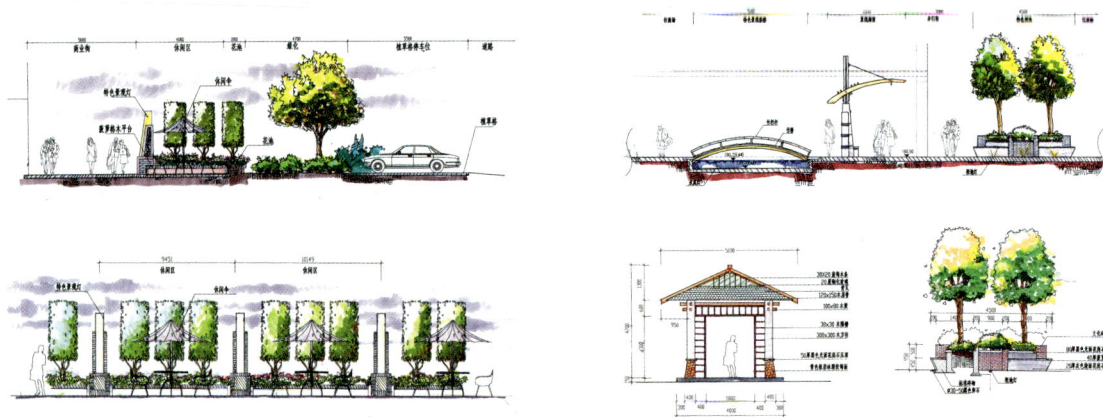

第二节　景观的含义

　　景观是指土地及土地上的空间和物体所构成的综合体，它是复杂的自然过程和人类活动在大地上的烙印。景观是多种功能过程的载体，因而可被理解和表现为：

　　风景：视觉审美过程的对象。在空间上与人物分离，表达了人与自然的关系，人对土地、人对城市的态度，也反映了人的理想和欲望。

　　栖息地：人类生活其中的空间和环境。是体验的空间，人在空间中的定位和对场所的认同，使景观与人物成一体。

　　生态系统：一个具有结构和功能、具有内在和外在联系的有机系统。

　　符号：一种记载人类过去、表达希望与理想，赖以认同和寄托的语言和精神空间。是人类历史与理想，人与自然、人与人相互作用与关系在大地上的烙印。

1. 城市与区域规划，就是在几百、几千、上万平方公里的区域尺度上设计，梳理它的水系、山脉、绿地系统、交通、城市；

2. 城市设计：城市需要人们去设计，它的公共空间、开放空间、绿地、水系，这些界定了城市的形态；

3. 风景旅游地规划：包括风景旅游地的规划和设计、自然地和历史文化遗产地的规划和设计；

4. 城市与区域生态基础设施规划，如湿地、森林等；

5. 房地产开发项目的规划和设计；

6. 校园和厂区的设计；

7. 公园和绿地系统的规划和设计；

8. 陵园设计：古代表现为坟墓与人生活区的关系，现在则是精神归宿的心理需求。

现代小区设计多表现为人与住所发生的关系

绿地与水系统的统一

Landscape Architecture的主要内容：

1. Campuses　校园环境

2. Cemeteries　公墓地

3. City Planning　城市规划

4. Country Estates　乡村庄园

5. Gardens　庭园

6. Historic Landscapes　传统园林

7. Housing Environments　居住环境

8. Institutional and Corporate Landscape

企事业单位园林

9. Landscape Planning　景观规划

10. Landscape　自然风景

11. MetroPolitan Open Space　大城市开放空间

12. National Forests　国家森林

13. National Parks　国家公园

14. New Towns and Planned Communities

新城与规划社区

15. Parkways　风景车道

16. Recreational Areas　娱乐区

17. Restored Natural landscape　自然景观恢复

18. State Parks　州立公园

19. Streetscapes, Squares and Plazas　街景与广场

20. Urban Parks　城市公园

21. Water fronts　滨水

一、景观设计基本理论

景观设计是指通过对环境的设计使人与自然相互协调，和谐共存。它是大工业时代的产物、科学与艺术的结晶，融合了工程和艺术、自然与人文科学的精髓，创造一个高品质的生活居住环境，帮助人们塑造一种新的生活意识，更是社会发展的趋势。

现代景观设计理论强调规划的基点以人为本，在更高的层次上能动地协调人与环境的关系和土地利用之间的关系，以维护人和其他生命的健康与持续。因而，景观设计师是协调者和指挥家，是可持续人居环境的规划设计和创造者。

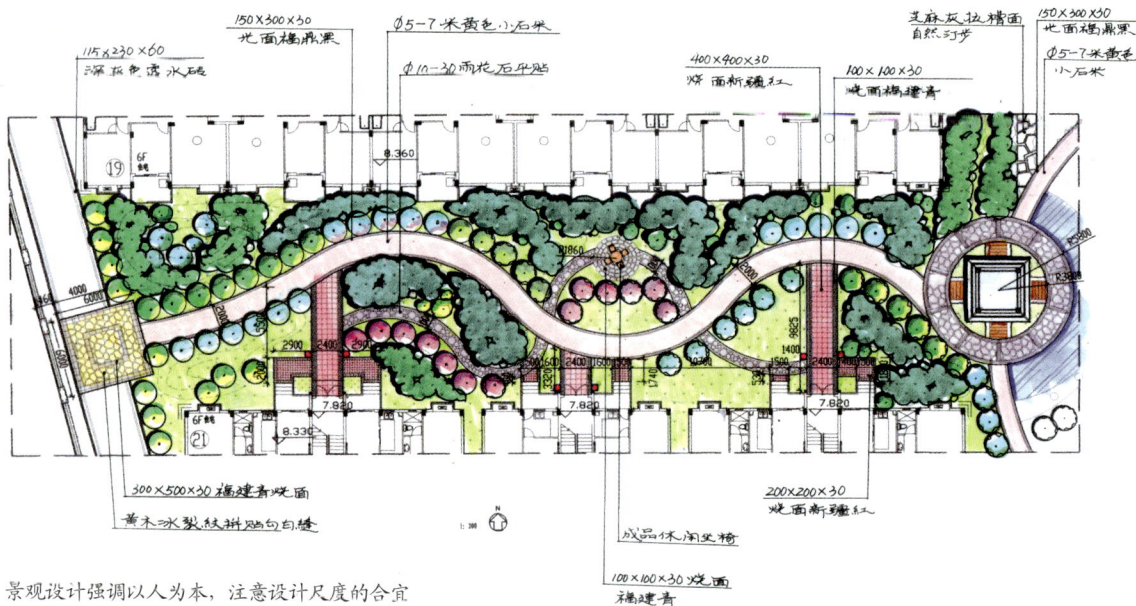

景观设计强调以人为本，注意设计尺度的合宜

二、景观设计方法

景观设计是多项工程配合相互协调的综合设计，需要考虑建筑、交通、水电、绿化、管网等各个技术领域。各种法则法规都要了解掌握，才能在具体的设计中运用好各种景观设计要素，安排好项目中每一地块的用途，设计出符合土地使用性质、满足客户需要的适用的方案。景观设计中一般以道路或者水景为网络，以景观建筑或小品为节点，以绿化、广场为面，采用各种专业技术手段辅助实施设计方案。

景观设计的方法包括构思、构图、对景与借景、添景与障景、引导与示意、渗透和延伸、尺度与比例、质感与肌理、节奏与韵律。

1. 构思

构思是一个景观设计最重要的部分，也可以说是景观设计的最初阶段。景观设计是关于如何合理安排和使用土地，解决土地、人类、城市和土地上一切生命的安全与健康以及可持续发展的问题。它涉及区域、城镇和社区规划设计，公园规划、道路规划、校园规划设计，景观改造和修复，遗产保护、疗养及其他特殊用途区域等众多领域。同时，从目前国内众多的实践活动或学科发展来看，着重于具体的项目本身的环境设计，这就是狭义上的景观设计。但是这两种观点并不相互冲突。

综上所述，无论是关于土地的合理使用，还是一个着重于具体的项目本身的环境设计方案，构思都是十分重要的。

构思是景观规划设计前的准备工作，是景观设计不可缺少的一个环节。构思首先考虑的是满足其使用功能，充分为地块的使用者创造、安排出满意的空间场所，又要考虑不破坏当地的生态环境，尽量减少项目对周围生态环境的干扰。然后，采用构图以及下面将要提及的各种手法进行具体的方案设计。

构思需体现土地的合理分区利用

2. 构图

在构思的基础上就是构图的工作了。构思是构图的基础，构图始终要围绕着满足构思的所有功能。在这当中要把主要的注意力放在人和自然的关系上。从中国古典园林史来看，魏、晋、南北朝时期山水园林就达到一定高峰，设计中很注意人与自然的交融，所以在造园构景中运用多种手段来表现自然，以求得渐入佳境、小中见大、步移景异的理想境界和自然、淡泊、恬静、含蓄的艺术效果。现代景观设计思想提倡人与社会、人与自然的和谐，景观设计师的目标和工作就是使人、建筑、社区、城市以及他们的生活，同生命的地球和谐相处。景观设计构图包括平面构图组合和立体造型组合。

平面构图：主要是将交通道路、绿化面积、小品位置，用平面图示的形式，按比例准确地表现出来。

立体造型：从整体来讲，是指环境内所有实体的空间造型和各个立体造型互相间形成的空间关系；从细部来讲，主要从景物主体与背景的关系来反映，从以下的设计手法中可以体现出这层意思。

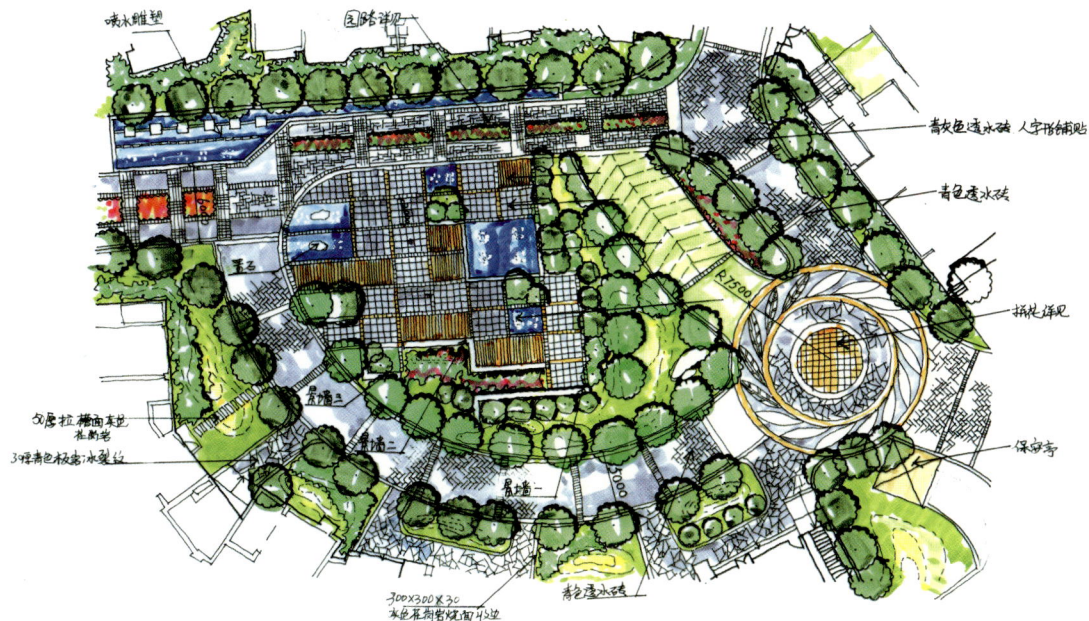

小区景观的部分观赏点可从空中鸟瞰，平面构图的观赏性可立刻呈现

3. 对景与借景

景观设计的构景手段很多，比如讲究设计景观的目的、景观的起名、景观的立意、景观的布局、景观中的微观处理等。这里就一些在平时工作中使用较多的景观规划设计方法做一些介绍。

景观设计的平面布置中，往往有一定的建筑轴线和道路轴线，在轴线或轴线相交尽端的不同地方，安排一些相对的、可以互相看到的景物，就叫对景。对景往往是平面构图和立体造型的视觉中心，对整个景观设计起着主导作用。对景可以分为直接对景和间接对景。直接对景是视觉最容易发现的景，如放射性道路尽端的亭台楼阁等，一目了然；间接对景则不一定在道路的轴线上或行走的路线上，其位置往往有所隐蔽或偏移，给人以惊异或若隐若现之感。

借景也是景观设计常用的手法。通过建筑的空间组合，或建筑本身的设计手法，将远处的景致借用过来。大到皇家园林，小至街头小品，空间都是有限的。在横向或纵向上要让人扩展视觉和联想，以小见大，最重要的办法便是借景。所以古人计成在《园冶》中指出"园林巧于因借"。借景有远借、邻借、仰借、俯借、应时而借之分。借远方的山，叫远借；借邻近的高塔叫邻借；借空中的白云，叫仰借；借池塘中的游鱼，叫俯借；借植物的四季色相或其他自然景象，叫应时而借。如西湖，全面可以从多个角度看到几百米以外的山峰，这种借景的手法可以丰富景观的空间层次，给人极目远眺、身心放松的感觉。

4. 添景与障景

当一个景观在远方，或自然的山，或人为的建筑，如没有其他景观在中间、近处作过渡，就会显得虚空而没有层次；如果在中间有小品、近处有乔木，甚至几片树叶作中间过渡，使景色显得前、中、远富有层次美，这中间的小品和近处的乔木，便叫做添景。如，当人们站在北京颐和园昆明湖南岸的垂柳下观赏万寿山远景时，万寿山因为有倒挂的柳丝作为装饰而生动起来。

"佳则收之，俗则屏之"是我国古代造园的手法之一，在现代景观设计中，也常常采用这样的思路和手法。隔景则是将好的景致收入到景观中，将乱、差的地方用树木、墙体遮挡起来。障景是直接采取截断行进路线或逼迫其改变方向的办法，多用建筑实体或浓密高灌木丛来实现。

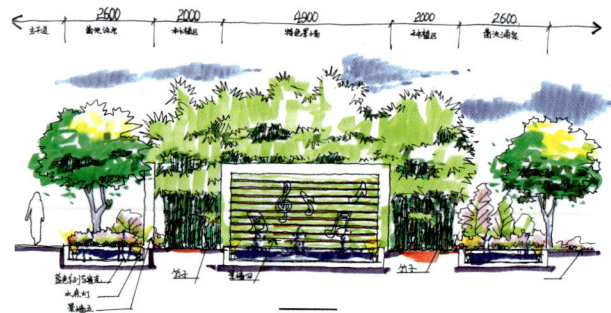

绿化是良好的背景物

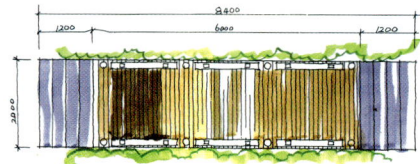

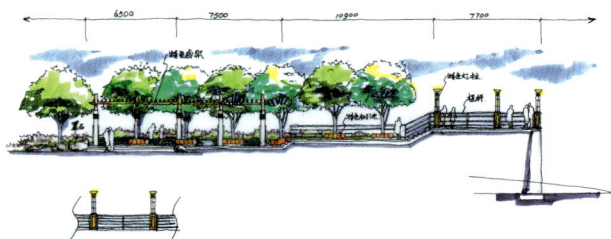

绿化可对硬景起收边作用

层次丰富的景观空间

《园冶》门窗图式

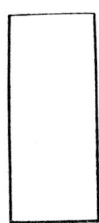  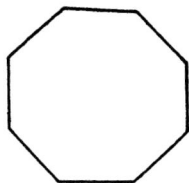 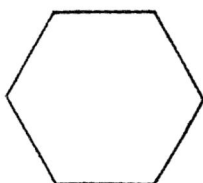  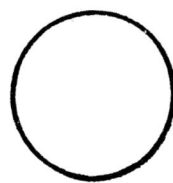 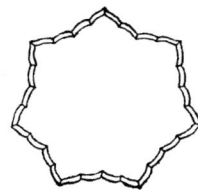 

方门合角式　　花觚式　　　八方式　　　六方式　　　片月式　　　月窗式　　　菱花式　　　葵花式

草瓶式　　　汉瓶式　　　汉瓶式　　　汉瓶式　　　汉瓶式　　　葫芦式　　　贝叶式

  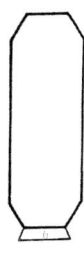   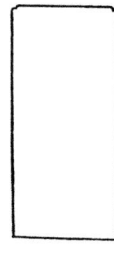  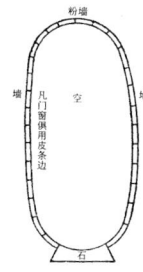

圈门式　　　剑环式　　　长八方式　　　如意式　　　莲瓣式　　　入角式　　　执圭式　　　上下圈式

 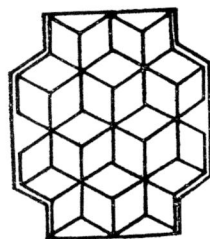 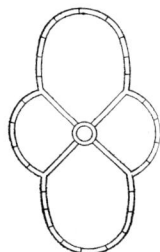 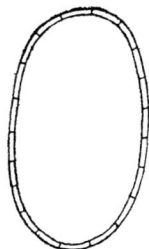  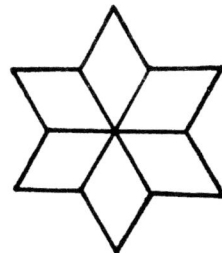 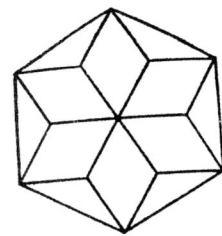

梅花式　　　罐式　　　海棠式　　　鹤子式　　　如意式　　　栀子花式　　　六方嵌栀子式

5. 引导与示意

引导的手法是多种多样的，可采用水体、道路、铺地等很多元素。如道路铺装用同一系列广场砖，很容易引导人继续前进。示意的手法包括明示和暗示。明示指采用文字说明的形式如路标、指示牌等小品的形式。暗示可以通过地面铺装、树木的有规律布置的形式指引方向，容易给人步移景异的感觉。

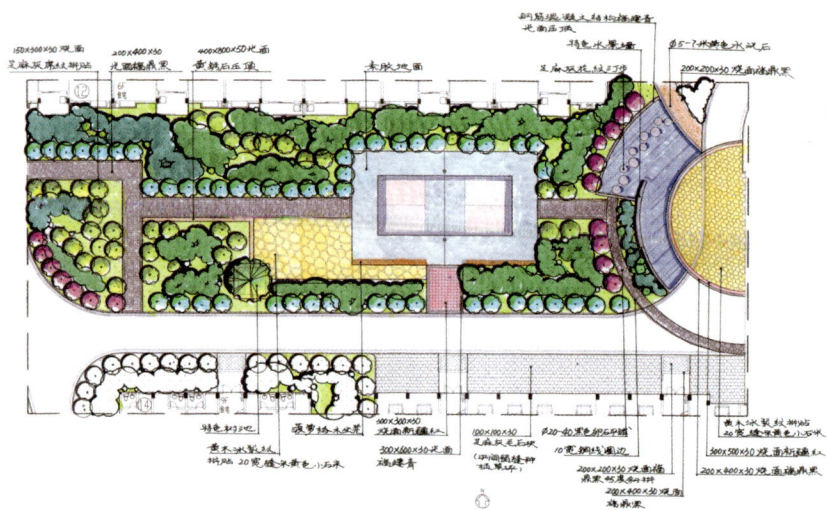

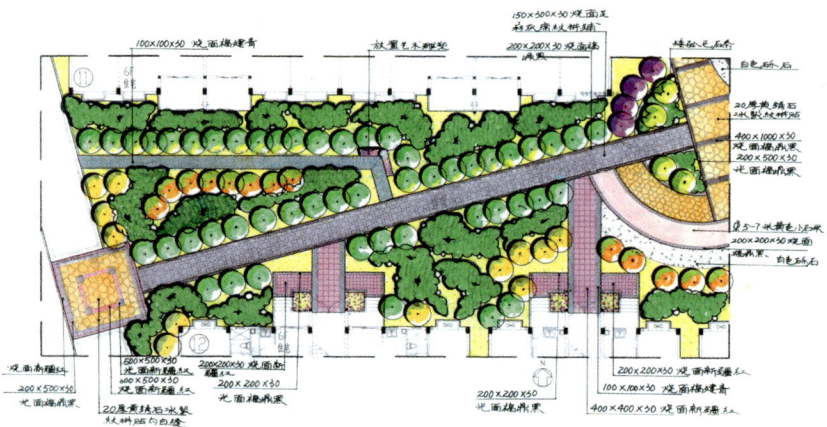

6. 渗透和延伸

在景观设计中，景区之间设计应该注意过渡，实现景观没有突然断掉的心理不适，而是你中有我，我中有你，渐而变之，使景物融为一体，景观的延伸常引起视觉的扩展。如用铺地的方法，将墙体的材料使用到地面上，将室内的材料使用到室外，互为延伸，产生连续不断的效果。渗透和延伸经常采用草坪、铺地等，起到连接空间的作用，给人在不知不觉中景物已发生变化的感觉，实现良好的空间体验。

绿地、道路、水体的良好渗透与延伸

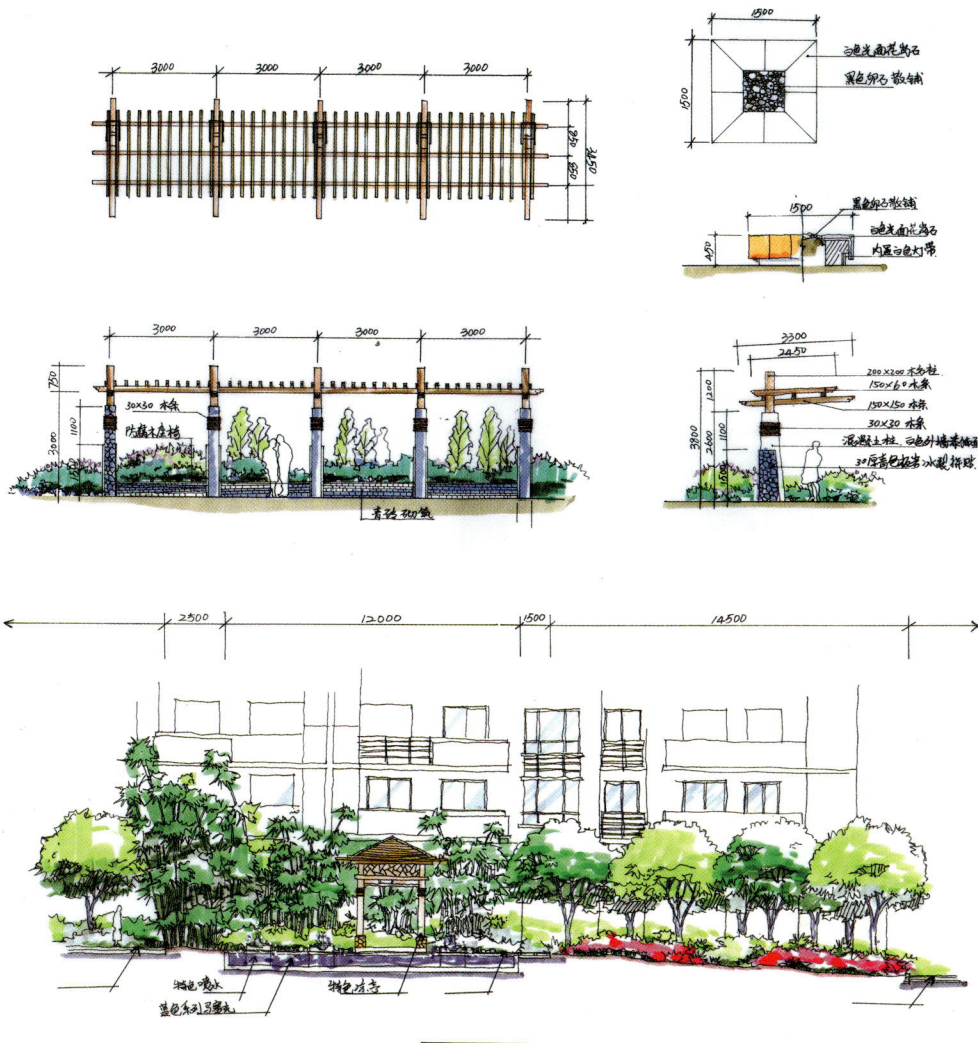

7. 尺度与比例

景观设计主要尺度依据是人们在建筑外部空间的行为，人们的空间行为是确定空间尺度的主要依据。如学校的教学楼的广场或开阔空地，尺度不宜太大，也不宜过于局促。太大了，学生或教师使用、停留会感觉过于空旷，没有氛围；而过于局促，会使得人们在其中觉得拥挤，失去一定的私密性。因此，无论广场、花园或绿地，都应该依据其功能和使用对象确定其尺度和比例。合适的尺度和比例会给人以美的感受，不合适的尺度和比例则会使人感觉不协调，特别的别扭。以人的活动为目的，确定尺度和比例才能让人感到舒适、亲切。

具体的尺度、比例，许多书籍资料都有描述，但最好是从实践中把握感受。如果不在实践中体会，在运用的过程中加以把握，是不能真正掌握合适的比例和尺度的。这里有两个原则，一是人与空间的比例，二是物与空间的比例。尺度和比例的控制，单从画面去考虑是不够的，综合分析、现场的感觉才是最佳的方法。

8. 质感与肌理

景观设计的质感与肌理主要体现在植被和铺地方面。不同的材质通过不同的手法可以表现出不同的质感与肌理效果，如花岗岩的坚硬和粗糙、大理石的纹理和细腻（但是大理石造价较高、易在室外风化腐蚀，在室外较少运用）、草坪的柔软、树木的挺拔、水体的轻盈、不同灌木丛的叶片肌理等。这些不同材料加以运用，并且有条理地加以变化，将使景观富有更深的内涵和趣味。

9. 节奏与韵律

节奏与韵律是景观设计中常用的手法。节奏包括：铺地中材料有规律的变化，灯具、树木排列中以相同间隔的安排，花坛座椅的均匀分布等。韵律是节奏的深化，如临水栏杆设计成波浪式，一起一伏很有韵律，整个台地都用弧线来装饰，不同弧线产生了向心的韵律，来获得人们的赞同。

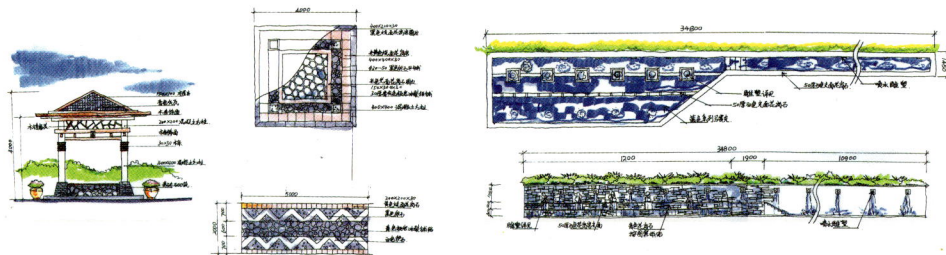

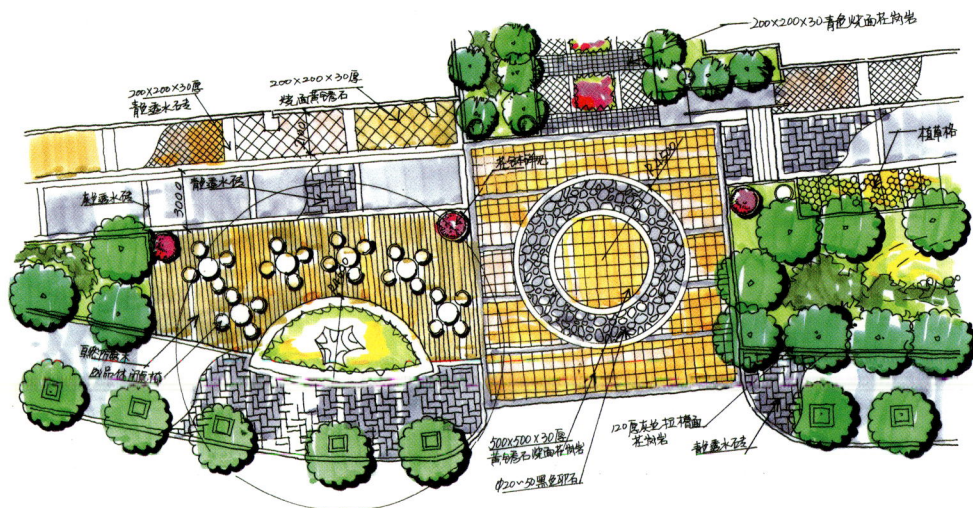

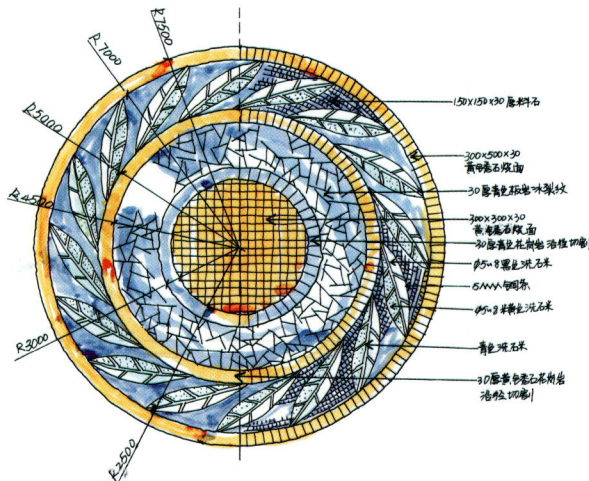

圆形广场中弧线装饰产生的向心韵律

以上是景观设计中常采用的一些手法。它们是相互联系、综合运用的，不能截然分开。只有了解这些方法，加上更多的专业设计实践，才能很好地将这些设计手法熟记于心，灵活运用于方案之中。

铺装材质变化带来丰富的视觉感受

03

景观设计的要素包括景观设计的素材的特点和基本知识。所有的景观都是通过景观要素来体现的，景观设计的素材和内容包括地形地貌、植被、水体、铺地和景观小品，其中，地形地貌是设计的基础。

起伏变化的地形配合硬质景观、绿化，增加空间层次

一、地形地貌

地形地貌是景观设计最基本的场地和基础。这里说的地形，是指景观绿地中地表各种起伏形状的地貌，在规则式景观中，一般表现为不同标高的地坪、层次，在自然式景观中，往往因为地形的起伏，形成平原、丘陵、山峰、盆地等地貌。一般景观设计中涉及的，是后一部分内容。地形地貌总体上分为山地和平原，进一步可以划分为盆地、丘陵，局部可以分为凹地、凸地等。在景观设计时，要充分利用原有的地形地貌，考虑生态学的观点，营造符合当地生态环境的自然景观，减少对其环境的干扰和破坏，同时还可以减少土石方量的开挖，节约经济成本。因此，充分考虑应用地形特点，是安排布置好其他景观元素的基础。景观用地原有地形、地貌是影响总体规划的重要因素，要因地制宜。计成在《园冶》里有一段话："约十亩之基，须开池者三，曲折有情，疏源正可；馀七分之地，为垒土者四，高卑无沦，栽竹相宜。"

景观设计中的地形简单地来说主要有四点作用：

1. 改善植物种植条件，提供干、湿以至水中、阴、阳、缓陡等多样性环境；

2. 利用地形自然排水所形成的水面提供多种景观用途，同时具有灌溉、抗旱、防灾作用；

3. 创造园林活动项目，建筑所需各种地形环境；

4. 组织景观空间，形成优美园林景观。

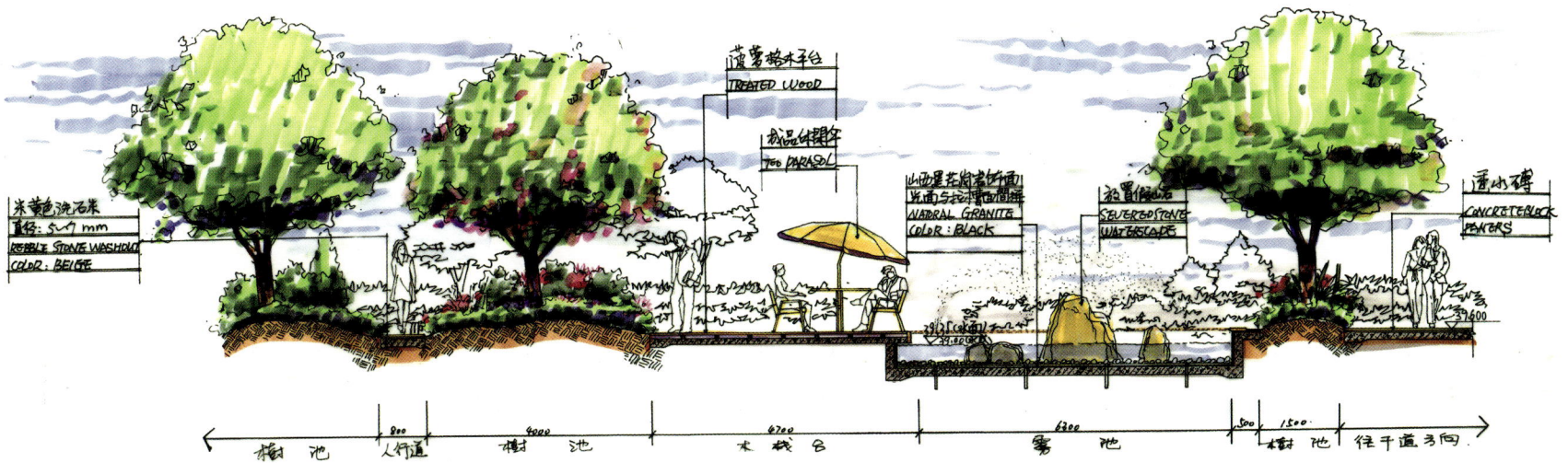

二、道路设计

是指景观绿地中的道路、广场等各种铺装地坪。它是景观设计中不可缺少的构成要素，是景观的骨架、网络。景观道路的规划布置，往往反映不同的景观面貌和风格。例如，我国苏州古典园林讲究峰回路转，曲折迂回，而西欧古典园林凡尔赛宫，讲究放射扩张的平面几何形状。

景观道路和多数城市道路不同之处，在于除了组织交通、运输，还有其景观上要求：组织游览线路，提供休憩地面。景观道路、广场的铺装、线型、色彩等本身也是景观的一部分。人们到景区来，沿路可以休憩、观景，景观道路本身也成为观赏对象之一。

1. 景观道路分类

主要道路：贯通整个景观，必须考虑通行、生产、救护、消防、游览车辆，宽7-8米。

次要道路：沟通景区内各景点、建筑，通轻型车辆及人力车，宽3-4米。

林荫道、滨江道和各种广场。

休闲小径、健康步道：双人行走1.2-1.5米，单人0.6-1.0米。健康步道是近年来最为流行的足底按摩健身方式。通过在卵石路面行走按摩足底穴位，既达到健身目的，又不失为一个好的景观。

2. 景观道路设计要点

（1）．景观道路有自由、曲线的方式，也有规则、直线的方式，形成两种不同的景观风格。采用一种方式为主的同时，也可以用另一种方式补充。不管采取什么式样，景观道路都忌讳断头路、回头路，除非放射状道路终点景观，能与地形、水体、植物、建筑物、铺装场地及其它设施结合，形成完整的风景构图。

（2）．景观道路并不是对着中轴，两边平行一成不变的，景观道路可以是不对称的，创造连续展示园林景观的空间或欣赏前方景物的透视线。

（3）．景观道路也可以根据功能需要采用变断面的形式。宽窄不一，曲直相济，反而使道路多变，生动起来，做到一条路上休闲、停留和人行、运动相结合，各得其所。

（4）．道路的转弯曲折。这在天然条件好的景观用地并不成问题，因地形地貌而迂回曲折，十分自然。而在条件并不太好的地区，一般就不是这样。为了延长游览路线，增加游览趣味，提高绿地的利用率，景观道路往往设计成婉蜒起伏的状态。但是有的地区景观用地的变化不大，往往一马平川而根据不足，这就必须人为地创造条件来配合园路的转折和起伏。如在转折处布置一些山石、树木，或者改变地势升降，做到曲之有理，路在绿地中，而不是三步一弯、五步一曲，为曲而曲，脱离绿地而存在。陈从周说："园林中曲与直是相对的，要曲中寓直，灵活应用，曲直自如。"要做到"虽由人作，宛如天开"。

（5）．通往孤岛、山顶等卡口的路段，宜设通行复线，必须沿原路返回的，宜适当放宽路面。应根据路段行程及通行难易程度，适当设置供游人短暂休憩的场所及护拦设施。

（6）．景观道路的交叉要避免多路交叉，尽量靠近正交。锐角过小，车辆不易转弯，人行要穿绿地。做到主次分明，在宽度、铺装、走向上应有明显区别。要有景色和特点，尤其三叉路口，可形成对景，让人记忆犹新。

（7）．主路纵坡宜小于8%，横坡宜小于3%，粒料路面横坡宜小于4%，纵、横坡不得同时有坡度。山地公园的园路纵坡应小于12%，超过12%应作防滑处理。主园路不宜设梯道，必须设梯道时，纵坡宜小于36%。支路和小路，纵坡宜小于18%。纵坡超过15%路段，路面应作防滑处理；纵坡超过18%，宜按台阶、梯道设计，台阶踏步数不得少于2级；坡度大于58%的梯道应作防滑处理，宜设置护拦设施。经常通行机动车的园路宽度应大于4m，转弯半径不得小于12米。

（8）．出入口及主要园路宜便于通过残疾人使用的轮椅，其宽度及坡度的设计应符合《方便残疾人使用的城市道路和建筑物设计规范》。

（9）．园路在地形险要的地段应设置安全防护设施。

04

地

面

铺

装

地面铺装的重要作用是满足交通视线引导（包括人流、车流）。无论运用何种素材进行景观设计，首要的目的是满足使用功能。地面铺装和植被设计在手法上表现为构图，但目的是方便使用者，提高对环境的识别性。在明确了设计的目标后，可以放心地探讨地面铺装的作用、类型和手法。

一、地面铺装的作用

1. 为了适应地面高频度的使用，避免雨天泥泞难走；

2. 给使用者提供适当范围的坚固的活动空间；

3. 通过布局和图案引导人行流线。

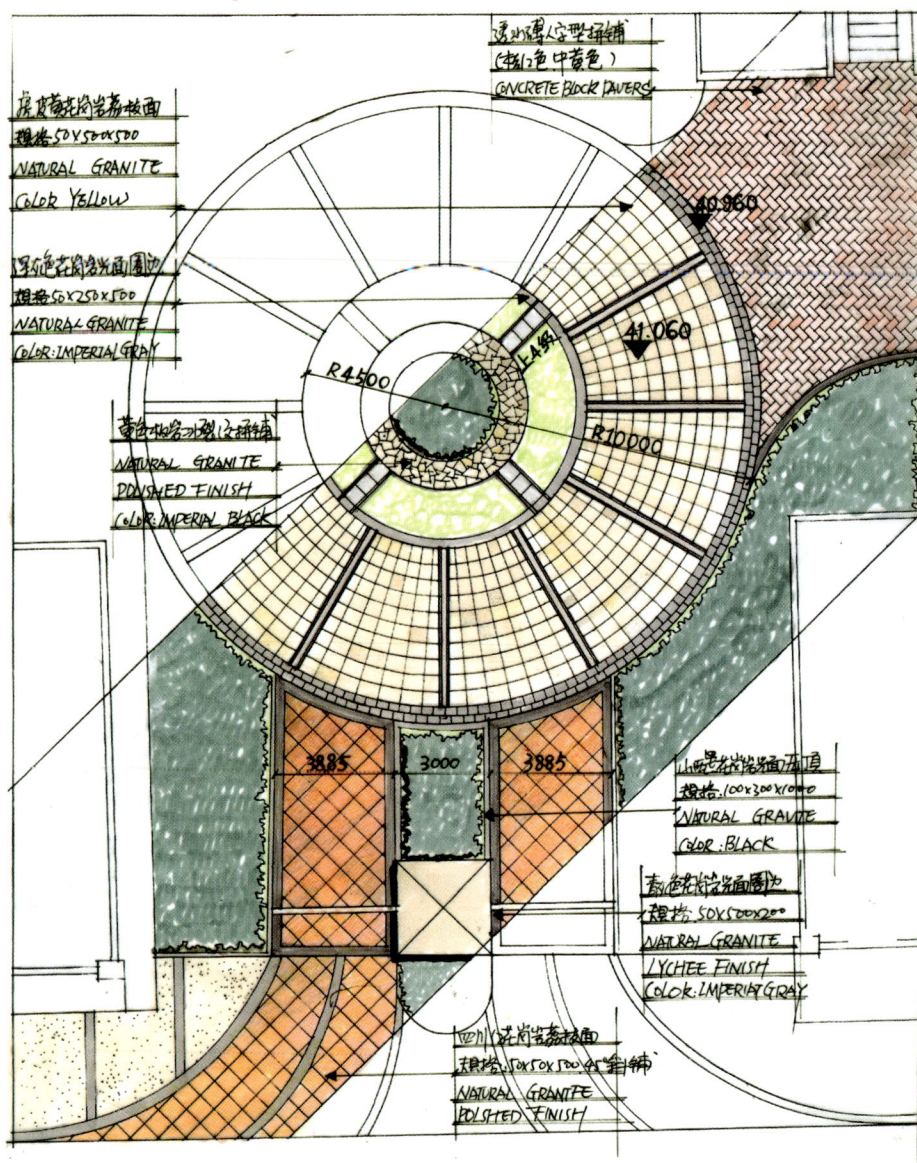

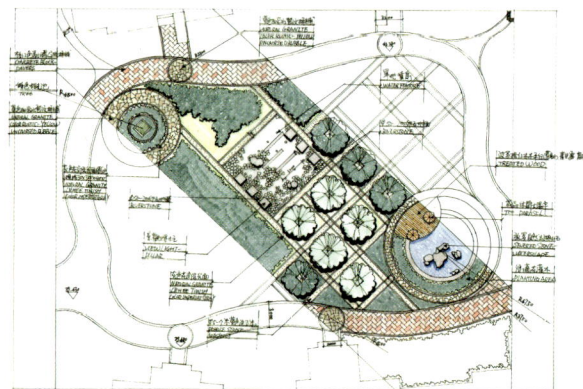

二、地面铺装设计

一般的道路铺装，通常采用块料砂、石、木、预制品等面层。砂土基层即属该类型的景观道路，这是上可透气，下可渗水的园林生态环保道路。采用这种道路有很多优点，主要基于下面几点考虑：

1. 符合绿地生态要求，可透气渗水，有利于树木生长，同时减少沟渠外排水量，增加地下水补充；

2. 与景观相协调，自然、野趣、少留人工痕迹，尤其是郊区人工森林这种类型绿地，粗犷一些并无不当；

3. 新建的景观，往往因地形变更，土方工程使部分甚至大部分道路、广场处于新填土之上；

4. 景观的绿地建设是一个长期过程，要不断补充完善，这种路面铺装适于分期建设，甚至临时放个过路沟管，抬高局部路面，也不必如刚性路面那样开肠破肚；

5. 景观绿地除建设期间外，道路车流频率不高，重型车也不多；

6. 是我国园林传统做法的继承和延伸。

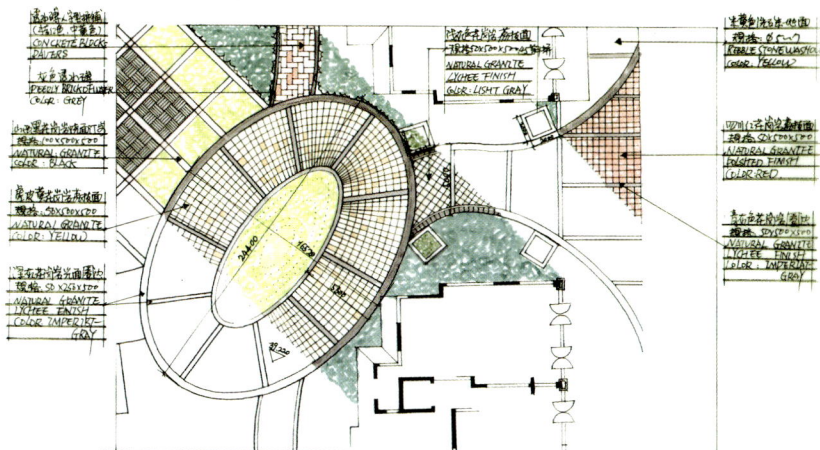

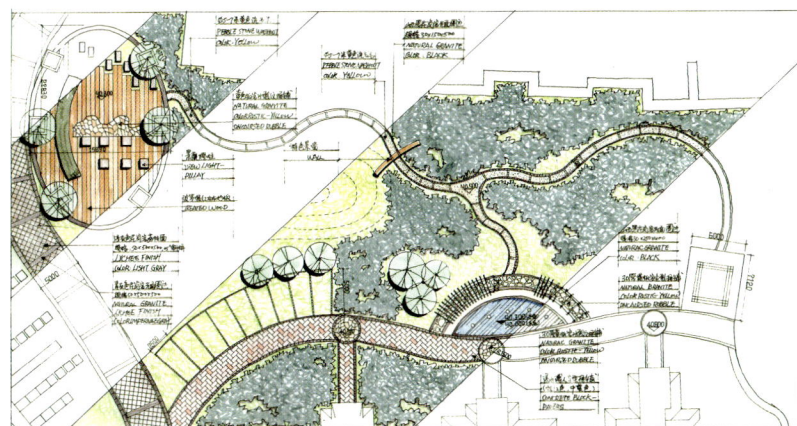

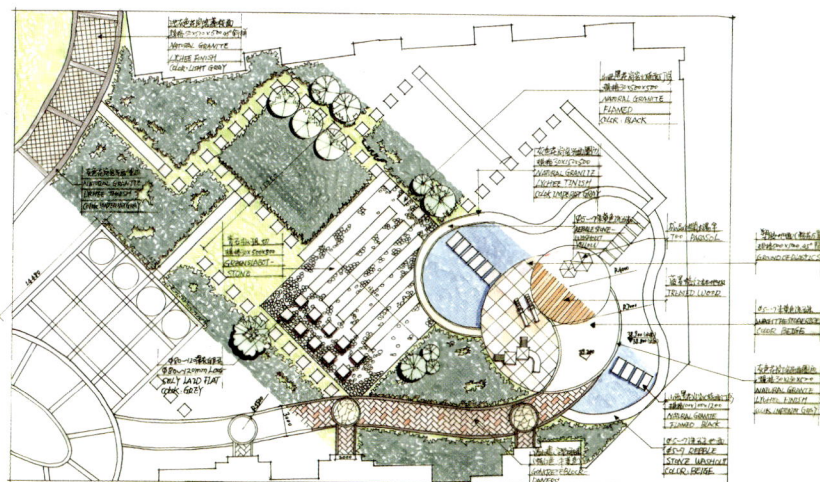

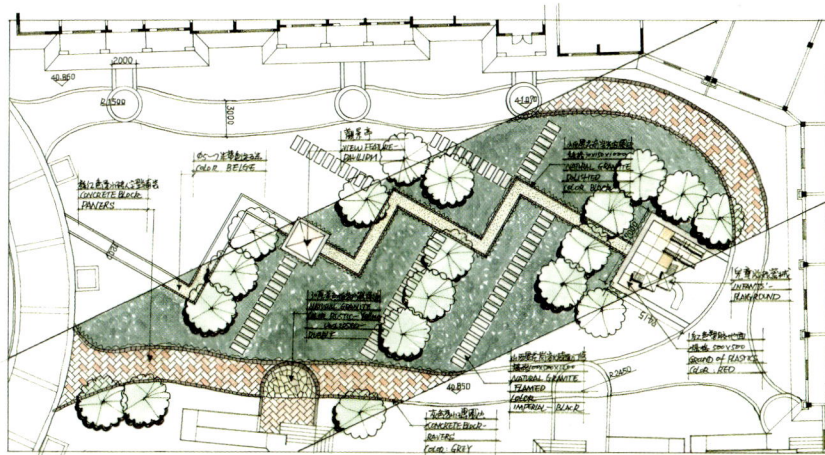

三、地面铺装的类型

根据铺装的材质可以分为：

1. 沥青路面，多用于城市道路、国道；

2. 混凝土路面，多用于城市道路、国道；

3. 卵石嵌砌路面，多用于各种公园、广场；

4. 砖砌铺装，用于城市道路、小区道路的人行道、广场；

5. 石材铺装；

6. 预制混凝土块；

7. 魔法石；

8. 嵌草砖、植草板。

地面铺装的手法在满足使用功能的前提下，常常采用线性、拼图、色彩、材质搭配等手法，为使用者提供活动的场所或者引导行人通达某个既定的地点。

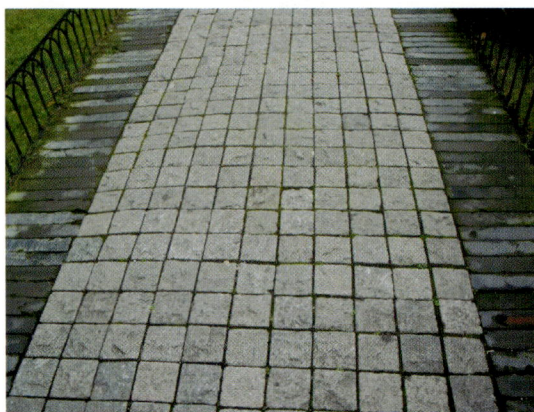

四、设计要点

1. 广场内同一空间，道路同一走向，用一种式样的铺装较好。这样几个不同地方不同的铺砌，组成一个整体，达到统一中求变化的目的。实际上，这是以景观道路的铺装来表达道路的不同性质、用途和区域。

2. 一种类型铺装内，可用不同大小、材质和拼装方式的块料来组成，关键是什么铺装用在什么地方。例如，主要干道、交通性强的地方，要牢固、平坦、防滑、耐磨，线条简洁大方，便于施工和管理，如用同一种石料，变化大小或拼砌方法。小径、小空间、休闲林荫道，可丰富多采一些，如我国古典园林。要深入研究道路所在其他的景观要素的特征，以创造富于特色、脍炙人口的铺装。《园冶》中对此早有论述："惟所堂广厦中，铺一概磨砖，如路径盘蹊，长砌多般乱石，中庭式宜叠胜，近砌亦可回文，八角嵌方选鹅子铺成蜀锦。"

3. 块料的大小、形状，除了要与环境、空间相协调外，还要适于自由曲折的线型铺砌，这是施工简易的关键；表面粗细适度，粗要可行儿童车，走高跟鞋，细不致雨天滑倒跌伤；块料尺寸模数，要与路面宽度相协调；使用不同材质块料拼砌，色彩、质感、形状等对比要强烈。

4. 块料路面的边缘，可用压顶石收边或者设立路缘石来加固，损坏往往从这里开始。

5. 园路是否用路缘石，各有己见。一般来说要依实而议定：看使用清扫机械是否需要有靠边；所使用砌块拼砌后，边缘是否整齐；路缘石是否起到加固园路边缘的目的；最重要的，是园路两侧绿地是否高出路面，在绿化尚未成型时，须以侧石防止水土冲刷。

6. 建议多采用自然材质块料，接近自然，朴实无华，价廉物美，经久耐用，甚至于旧料等合理利用，也可变废为宝。日本有种路面是散铺粗砂，我国过去也有煤屑路面，碎大理石花岗岩板也广为使用，石屑更是常用填料。如今拆房的旧砖瓦，也是传统园路的好材料。

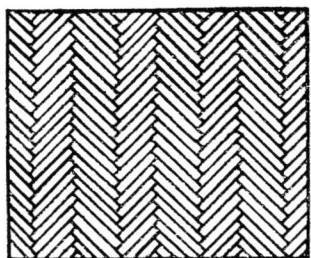
人字式

席纹式

间方式

斗纹式

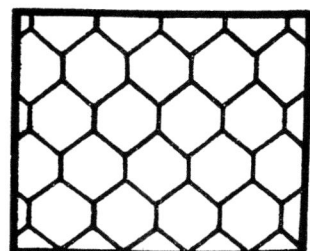
六方式

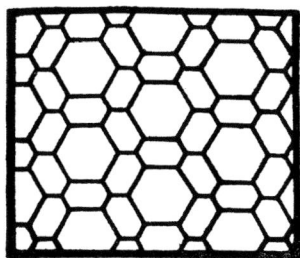
攒六方式

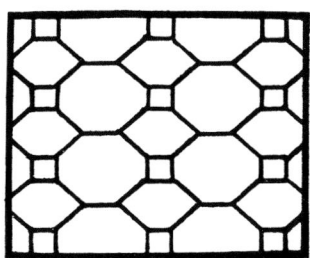
八方间六方式

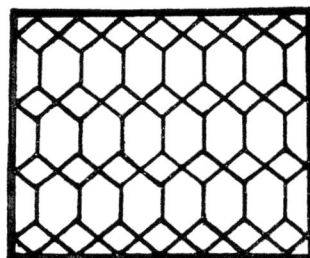
套六方式

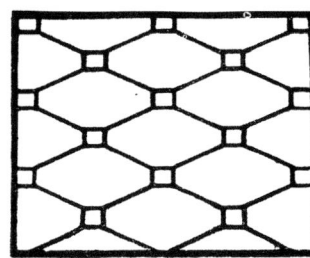
长八方式

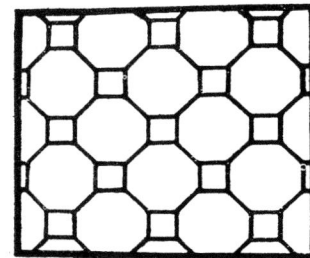
八方式

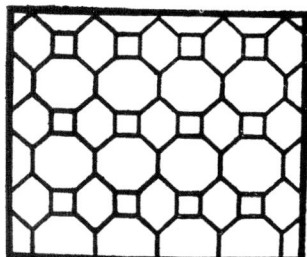
海棠式

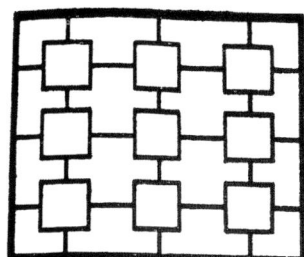
四方间十字式

香草边式

球门式

波纹式

基 层 材 料

铺面物料：PAVING MATERIAL
水泥砂浆层：SAND SCREEDING
钢筋混凝土结构层：R . C . STRUCTURE
卵砾石基层：GRAVEL BASE COURSE
素土实层：COMPACTED SUBGRADE
接景观给水系统：FROM WATER SAIRCE
指定预制排水槽：CUSTOM MADE DRAIN BY SPECIAUST
指定过滤系统：VOID FOR RLTRAION SYSTEM BY SPECIAUST
排向污水管：DRAIN TO WASTE
防水膜：WATERPROOFING
种植土：GARDEN SOIL

面 层 材 料

柏油路：ASPHALT
混凝土地砖（透水砖）：CONCRETE BLOCK PAVERS
粘土陶砖(霹雳砖)：CLAYTILE
压模水泥：STAMPED CONC
洗水石：PEBBLE STONE WASHOUT
喷石漆：SPRAY GRANITE
瓷 砖：CERAMIC TILES
马赛克：MOSAIC TILES
植草砖：CRASS RING PAVERS
防腐木：TREATED WOOD
风化木：WEATHERED WOOD
格栅：JOINT
天然花岗石：NATURAL GRANITE
　　注：（1）黄锈石：RUSTIC YELLOW
　　　　（2）金黄麻：GOLDEN YELLOW
　　　　（3）皇冠红：ROYAL RED
　　　　（4）深绿麻：FORESTA GREEN
　　　　（5）帝皇黑：IMPERIAL BLACK
　　　　（6）纯灰麻：ROYAL GRAY
　　　　（7）亚洲红：ASIAN RED

石英岩：QUARTZITE
巴西珊瑚红石英岩：CORAL PINK
巴西金黄石英板：DAFFODIL YELLOW
板 岩：SLATE
河石（卵石）：RIVERSTONE
自然石块：NATURAL ROCK BOULDERS
熟 铁：WROUGHT IRON
铝：ALUMINUM
青 铜：BRONZE
镀锌铁：GALVANIZED MILD STEEL
透明强化玻璃：CLEAR TEMPERED GLASS
涂 料：STUCCO
聚胶脂球场：PLEXICOURT
橡胶安全垫：RUBBERIZED SAFETY MATT

装饰面 FINISH

一、花岗岩、石英石
自然面：NATURAL
光面：POLISHED
荔枝面：LYCHEE
烧面：FLAMED
二、河石、硬制混凝土
平滑面：SMOOTH
三、瓷砖
油光面：GLAZED
四、喷石漆
纹理面：TEXTURED
五、镀锌铁
细缝面：HAIRLINE
油漆饰面：PAINTED
六、铝
粉末涂敷面：POWDER COATED
七、柏油、混凝土地砖、洗米石
粗面：ROUGH
八、玻璃
透明面：CLEAR FINISH

九、油漆、涂料
油斑面：OIL STAINED
十、木头
自然褪色：NATURAL STAINED

颜色 COLOR
注：浅（LISHT） 中（MEDIUM） 深（DARK） 旧（RUSTIC）
米黄色：BEIGE
灰色：GREY
棕色：BROWN
黄色：YELLOW
绿色：GREEN
米褐色：BEIGE
黑色：BLACK
红色：RED
蓝色：BLUE

工艺

防腐处理（木头）：TREATED WOOD
风化处理（木头、石头）：WEATHERED WOOD
散 铺（卵石、河石）：LOOSELY LAID FLAT
镶 嵌（卵石）：GROUTSET FLAT
碎 拼（乱砌）：UNCAIRSED RUBBLE
不规则切割拼花：CRAZY CUT
边沿雕琢（石头、木头）：CHISELBO BOGE
灰泥泥铲，随意披刮：PAINTED STUCCO WI RANDOM TROWELED TEXTURE
拼 贴：PATTERN ACCENT

OS

水
体
水
体
光
灯
光

一个城市会因山而有势，因水而显灵。水是生态景观中很重要的元素之一，水是最富有生气的因素，无水不活，有水才会有生命。人类自古择水而居，不同国家和民族的人们都依赖水、爱水甚至崇拜水。中国传统文化中就有"仁者乐山，智者乐水"的说法，现代人也越来越意识到真正高品质的生活在于融入自然和谐的生态环境。正如著名建筑设计师陈跃中所言：未来的居住条件，特别是高档居住条件将趋于清新与质朴。水景住宅以其独有的慑人魅力满足了人们追求自然、亲近自然的向往。风水之法，得水为尚，景观设计的最高境界莫过于符合自然规律。水在起到美化作用的同时，其另一个重要的作用在于净化空气，改善居住区的小气候。通过各种设计手法和不同的组合方式，如静水、动水、落水、喷水等不同的设计，把水的精神做出来，给人以良好的视觉享受，收到丰富变幻的效果。

一、景观水体的用途

1. 作为景观水体，如动态水有喷泉、瀑布等，静态水有湖面、池塘等，都以水体为题材，水是景观的重要构成要素，引发无穷尽的诗情画意；

2. 改善环境，调节气候，控制噪音；

3. 提供生活用水；

4. 提供生产用水；

5. 提供体育娱乐活动场所；

6. 提供观赏性水生动物和植物的生长条件，为生物多样性创造必须的环境；

7. 交通运输，较大型水面，可作为陆上运输的补充，如游艇、交通船等；

8. 汇集、排泄天然雨水；

9. 防护、防灾作用。如护城河、隔离河，以水面作为空间隔离，是最自然、最节约的办法，也可作为救火备用水，郊区园林水体、沟渠，是抗旱天然管网。

二、水体分类：

　　景观设计将水体分为静态水和动态水的设计方法，静有安详，动有灵性。自然式景观以表现静态的水景为主，以表现水面平静如镜或烟波浩淼的寂静深远的境界取胜。人们或观赏山水景物在水中的倒影，或观赏水中怡然自得的游鱼，或观赏水中睡莲，或观赏水中皎洁的明月……自然式景观也表现水的动态美，但不是喷泉和规则式的台阶瀑布，而是自然式的瀑布。池中有自然的矶头、矶口，以表现经人工美化的自然。静水有良好的倒影效果，给人诗意、轻盈、浮游和幻象的视觉感受。在现代建筑环境中这种手法运用较多，通过挖湖堆山，布置江河湖沼，辟径筑路，形成住宅小区大面积的水面，给人以宁静至美的风景，可以取得丰富环境的效果。

　　但值得注意的是大面积静水设计切忌空而无物，松散无神韵，应注重曲折婉转，方显灵气。动水设计可追溯到我国古代的"曲水流觞"风俗，最初用以招魂、镇鬼、驱散病疫，后经王羲之等文人雅士以"流觞曲水"赋诗取饮，挥就《兰亭序》而得名，成为日后众人造景生意的仿效手法。他们或是堆砌巨石断崖，引水倾泻而下，造瀑布景，给人以生动跳跃的美感；或以涓涓细流，任水自由地流淌于汀步、卵石之间；或是通过借景的方式，将住宅小区外的湖景、江景尽收眼底；或是设计人造喷泉等人工水景，让水在宁静、柔美与欢愉、激动之间给人以美的享受，陶冶人的心情。动态的水一般是指人工景观中的喷泉、瀑布、活水公园等。自然状态下的水体和人工状态下的水体，其侧面、底面也是不一样的，自然状态下的水体如自然界的湖泊、池塘、溪流等，其边坡、底面均是天然形成。人工状态下的水体如喷水池、游泳池等，其侧面、底面均是人工构筑物。

　　根据水景的功能还可以将其分为观赏类、嬉水类、游泳类等。

三、水体的设计标高

当水体的设计标高高于所在地自然常水位标高甚多，而该处土质疏松（砂质土），不易蓄水的时候，必须构筑防水层，以保持水体有一个较为稳定的标高，达到景观设计要求。而低水池是自然底的。

水体设计中对水质有较高要求的，如游泳池、嬉水池，必须以过滤循环方式保持水质，或定期更换水体，而且必须构筑防水层，与外界隔断。绝大部分的音乐喷泉、游泳池、水上世界是这样的。

四、水体外界的环境

水体附近若有地下车库、商场、复杂管网等地下构造物，甚至水体就在地下室的上空，这时必须设计人工防水层，以减少水体渗漏对地下构造物的不利影响。这是城市广场和小区内水体设计经常遇到的情况。凡是有这种情况的自然式河道、溪涧，宜做人工防水层。

其次，水体周围有建筑、道路、密集人群，或者土质不良，不能形成稳定的自然河坡，尤其是大水面、针对主导风向的河坡，这时水体四周必须构筑人工驳岸，以防坍塌，以策安全。

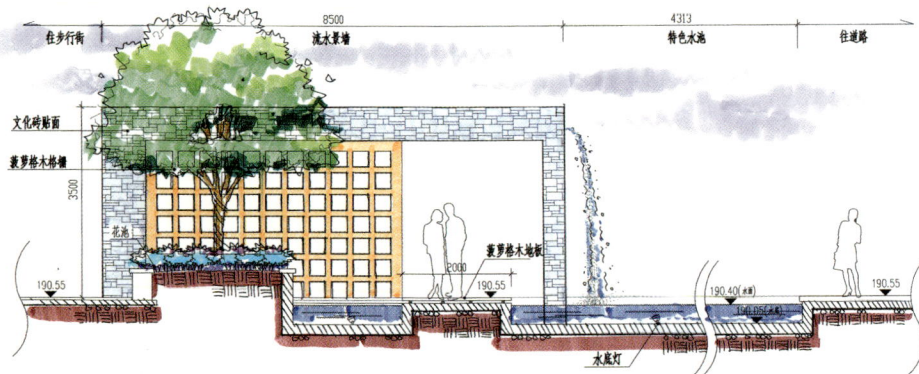

五、设计要点

水景设计的要点是什么呢?一是水质,二是水形。要有水容易做到,要成景就不容易,要保持更加困难。在造型的同时,更要对水补充、排泄、循环、净化等一系列问题进行考虑,真正做到"绿色"、"生态",才可持续发展。在这期间,还要注意以下一些问题:

1. 一条环境居住区的水流,即使在地面上不便沟通的地方,也以地下暗管沟通,这样没有死水断头之虞。

2. 水体不同形状、深浅、宽狭的设计,象征着不同的地理环境:溪流、池湖、港湾、半岛、河埠……有着不同的景观,起着不同的生态作用。

3. 在不同的水体环境,布置各种不同的动植物,如水中的荷花、游鱼,水边的芦苇……即使在小环境,也体现生物的多样性。如能有意识选择一些环保生物,则更有利。

4. 以瀑布、涌泉作为动力,创造水位高差,让水体自然循环流动,产生溢水、跌水、涓流、索流等动态水景观;增加水体与大气、沙石的接触,提高含氧量。古谚"流水不腐",是水景设计的座右铭。

5. 除因建筑、交通等需要,构造部分水上建筑外,大部分缓坡入水,植物护岸,碎石、泥沙为底。这样的水系造价不会太高,更重要的是,可与地下水共同组成一个系统。因此,选定一个合理的水面标高,至为重要。

6. 因为各种不同缓坡、不同水面,造就了各处不同的水深。溪流也有急有缓,浅的地方,要控制水流使之不冲不淤,深的地方,可掘井促使上下循环。大型水面,还要兼顾交通、娱乐、生产的种种需要。

7. 以开挖水渠及缓坡之土方,堆叠地形,分隔空间,改善种植条件,而减少土方运量,取一箭双雕之功利。

8. 引导雨水沿着起伏地形渗透、流淌,汇流成河,这样没有淹渍、冲刷,也减少排水工程量。仅在出口处设溢水、单向阀门,若在干旱季节,以人工办法补充水源。

9. 在流域附近的绿地,采用自然水灌溉,形成水的生态良性循环。雨水的回收利用,是绿色生态区的重要标准。

　　喷泉是指水体由下向上喷涌而出的一种水态，也是地下泉水向上喷涌的一种自然形态。这种喷泉形式经过人们长期以来的研究发展，喷涌的载体如水池、水管变化万千，从而也产生水体本身喷涌形态的千变万化。以水态而言，从最初的单线喷泉，发展到直上喷泉、抛物线喷泉、面壁喷泉和水纹型喷泉等，更出现了蒲公英花型、蘑菇型等各种各样的花样喷泉，还有柱型、锥形的高低喷柱。

六、水体设计还要考虑以下几点：

1. 水景设计和地面排水结合；

2. 管线和设施的隐蔽性设计；

3. 防水层和防潮性设计；

4. 与灯光照明相结合；

5. 寒冷地区考虑结冰防冻。

七、景观照明设计主要注意点:

1. 供配电及控制

一般景观设计一个配电点送电即可。大型景观工程灯具盏数多,如果单靠一个配电点往往因送电半径大,引起末端压降损失过大。如果单靠增加电缆线径来解决问题,则经济代价太大。可采用多点送电的方式,既能解决压降损失的问题,又能简化管线网络,有利于今后管线维护。各配电点以控制电缆相联接后并入路灯控制网,有条件的可以配备"无线三遥"设备。小区主干道照明、支路照明、绿化景点照明可采用独立电缆供电,这样就可以根据不同的需要,对主干道上的部分路灯及绿化景点内的路灯实行半夜灯控制,既节约电能,又满足不同时段环境的功能需求。

2. 灯型的选择

灯型的选择是照明设计中的关键步骤。选择以庭院灯作为小区道路照明设施,一是因为庭院灯高度适中,小区道路不适合行驶升降车辆,维修人员携带短梯就能进行维修;二是庭院灯外观好并且形式多样,在保证道路明亮的同时,白天也能为小区营造优雅的气氛。庭院灯灯具的选择要与小区的建筑风格和环境气氛相协调,力求使"光与影"的组合配置富有旋律;而且灯具要有良好的安全性和防范性,外形应简洁流畅。

3. 灯位的布置

灯位的布置要与小区的道路规划相一致,如果小区道路是以规整分布,那么路灯布置也要齐整;如果小区道路是园林式的弯曲小径,路灯亦可随之进行错落有致布置。但是应注意几个问题:一是尽量使路灯保持在路的一侧,以减少过路管线和接线井;二是道路交叉的地方和道路产生较大变处应放置路灯,以发挥灯光对道路的诱导性;三是要特别注意庭院灯对附近二楼阳台及窗户造成的影响,在没有遮挡的情况下,灯位离阳台及窗户过近的话,显然是不合适的,草坪灯的作用是要树木或角落部分做突出性点缀照明,布灯的位置应选择白天视觉效果不是很突兀的地方。

4. 配件标准化。随着新建住宅小区的增多,庭院灯灯具、灯柱的种类也大量增多,给维护及材料管理部门带来很大的压力。作为城市路灯的主管单位,在设计时除了要考虑使小区路灯形式多样、外观美丽外,路灯设施各部件标准化的问题也应得到重视。这时的标准化主要体现在三个部位:即灯柱法兰与基础法兰的连接,灯柱与灯架或灯臂的连接以及灯架或挑臂与灯具的连接。标准化后的好处是显而易见的:由于各部件相互可替换,可提高路灯各部件的再利用率;施工工艺的简化与固化,促使了生产效率的提高,而且减轻仓管部门的工作强度。

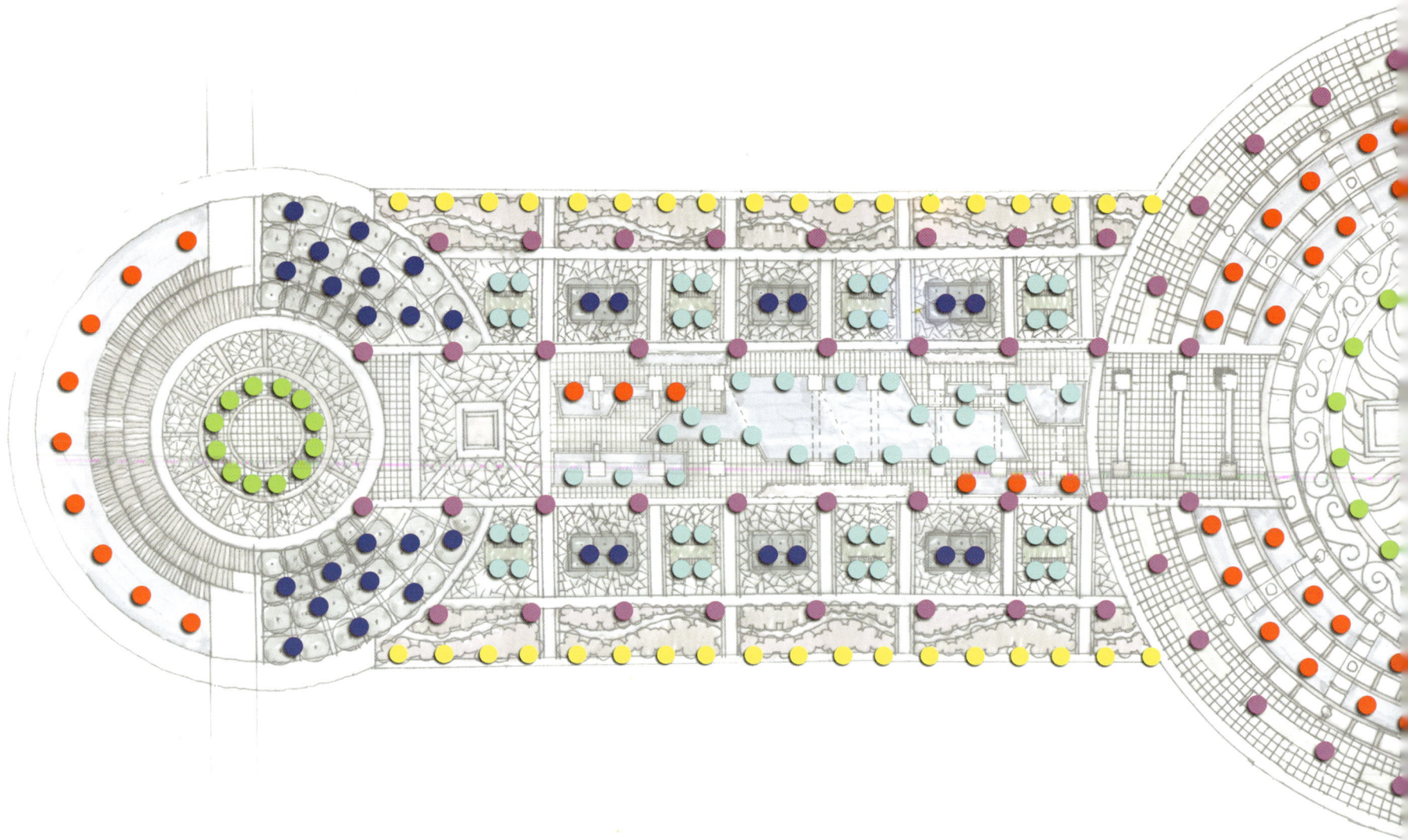

庭院灯

喷泉灯

地埋灯

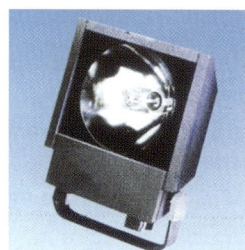
照树灯

侧壁灯

草坪灯

06

环境设施设计是环境的进一步细化设计，是一个具有多项功能的综合服务系统，对满足人的生活需求，方便人的行动，调节人、环境、社会三者之间的关系具有不可忽视的作用。在这个系统中，包含有硬件和软件两方面内容。

硬件设施是人们在日常生活中经常使用的一些基础设施，包含五个系统：信息交流系统（如小区示意图、公共标识、留言板、阅报栏、街头钟等），交通安全系统（照明灯具、交通信号、停车场、消防栓等），休闲娱乐系统（饮水装置、公共厕所、垃圾箱、健身设施、游乐设施、景观小品等），商品服务系统（售货亭、自动售货机、银行自动存取点等），无障碍系统（建筑、交通、通讯系统中供残疾人或行动不便者使用的有关设施或工具）。

软件设施主要是指为了使硬件设施能够协调工作，为社区居民更好地服务，而与之配套的智能化管理系统，如安全防范系统（闭路电视监控、可视对讲、出入口管理等），信息管理系统（远程抄收与管理、公共设备监控、紧急广播、背景音乐等），信息网络系统（电话与闭路电视、宽带数据网及宽带光纤接入网等）。

一、景观设施分类

按照设施景观的服务用途，可以将景观分为七类：

1. 休息设施，如座椅、野外桌等；

2. 服务设施，如电话亭，小卖部、邮筒等；

3. 信息设施，如标志、指示牌等；

4. 卫生设施，如饮用水栓、洗手洗脚设施、垃圾桶、公用厕所等；

5. 运动设施，如各类运动场、球场、高尔夫球场等；

6. 游乐设施，如儿童游戏设施等；

7. 交通设施，如分隔墩、隔离墩、路障、候车亭等。

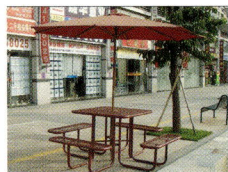

二、运用原则

景观设计应该首先注重实用，其所设置的环境是人们户外活动的场所，所以应该以适合、适用为原则。应该以满足使用者的需求为主，在符合人性化的尺度下，提供合宜的设施和设备，并考虑外观美，以增加环境视觉美的趣味。必须了解设施物的实质特征（大小、质量、材料、生活距离等）、美学特征（大小、造型、颜色、质感）以及机能特征（品质影响及使用机能），并预期不同的设施设计及组合、造型配置后所能形成的品质和感觉，确定发挥其潜能。

另外，设计中还必须考虑到设施的安全性问题，以防止它们被盗或遭到破坏，大型的运动设施应建造必要的围护。对于小型的设施应该把它们牢固地安装在地面或者墙上，保证所有的装配构件都没有被移动、拆卸的可能。

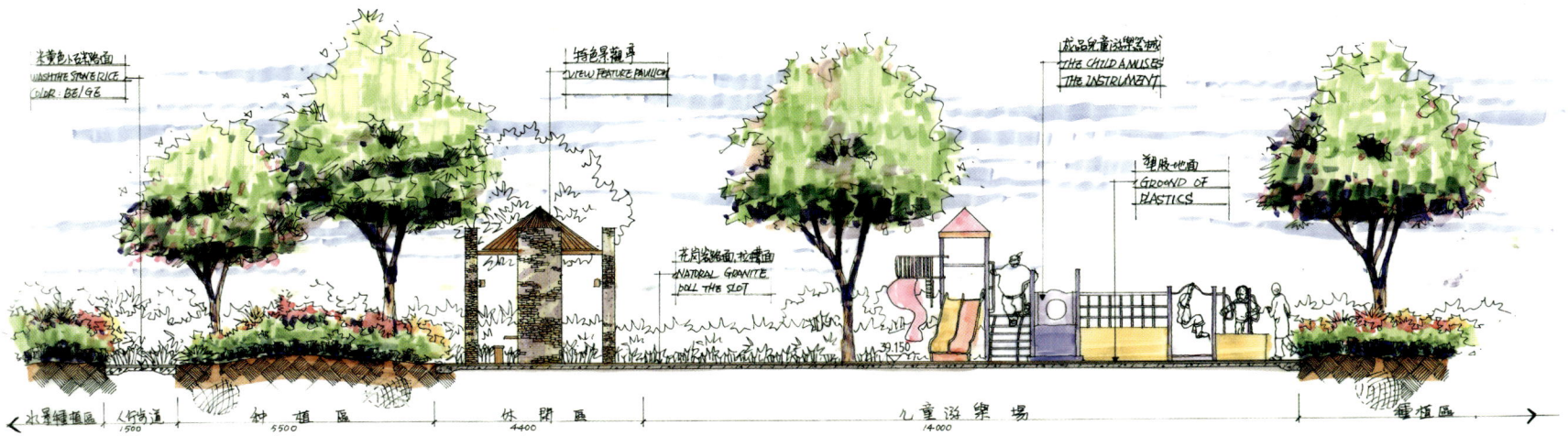

米黄色小玻璃路面
WASH THE STONE RICE
COLOR: BEIGE

特色景观亭
VIEW FEATURE PAVILION

成品儿童游乐学城
THE CHILD AMUSES
THE INSTRUMENT

塑胶地面
GROUND OF
PLASTICS

花岗岩路面，拉毛面
NATURAL GRANITE
ROLL THE SLOT

±0.150

±0.150

水景种植区 | 人行步道
1500 | 种 植 区
5500 | 休 闲 区
4400 | 儿 童 游 乐 场
14000 | 种植区

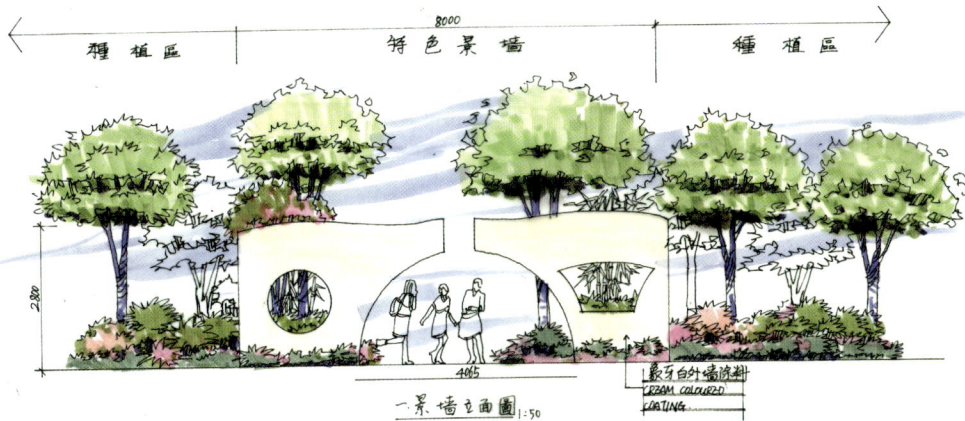

8000

种植区 | 特色景墙 | 种植区

2800

4065

一景墙立面图 1:50

最白外墙涂料
CREAM COLOURED
COATING

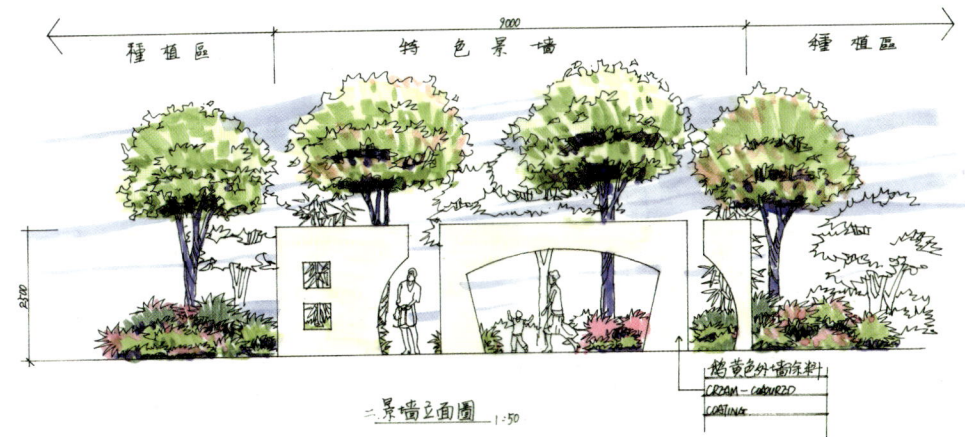

9000

种植区 | 特色景墙 | 种植区

2700

二景墙立面图 1:50

淡黄色外墙涂料
CREAM - COLOURED
COATING

三、景观设施设计注意要点：

任何环境设施都是个别和一般、个性和共性的统一体，安全、舒适、识别、和谐、文化是住宅环境设施的共性。但由于环境、地域、文化、使用人群、功能、技术、材料等因素的不同，环境设施的设计更应体现多样化的个性。

不同地域之间气候的差异性也会影响环境设施的设计。我国南方地区气候炎热、多雨，环境设施在造型上不宜采用不锈钢等金属材料，可以多用木材以增加亲切感；北方常年下雪，考虑到一年中很长时间的灰白背景，设施不宜采用浅色，而应该多采用色彩较鲜艳的玻璃钢材质；西北地区气候干燥少雨，但阳光充足，为环境设施充分利用太阳能创造了条件。此外，不同的地形地貌和气候条件使不同的地区具有不同的自然资源。在经济发展，人们生活水平日益提高的今天，我们完全可以利用地方资源，比如把竹子一类的传统材料运用到现代环境设施中，而不是一味追求材料的科技含量。又如，江南、岭南、西南地区充足的水资源，各地不同的风力、地热等自然资源都可以为设计师合理利用，成为环境设施与众不同的个性化特征。

四、指示系统设计要点：

1. 与VI（Visual Identity，视觉识别）的统一性。一个完整的指示系统是VI的一部分，尽管指示系统有区别性，但在表现形式上各层次之间应具有广泛的统一性，具体表现为企业理念与视觉传达的协调性，载体之间应用材料与造型的统一性，载体颜色与企业VI的一致性，产品尺度上的呼应性。

2. 与景观设计的风格统一性。指示系统的设计要考虑景观设计的风格理念，分析设计中自然环境与人文建筑对指示系统的影响，在统一的设计风格中寻求变化。

3. 体现企业指示系统的特色。表现为不同企业的指示系统设计应有自己的特色，与其它企业相比，表现为较大的差异性。这种差异，既表现为内容上的差异性，也表现为形式上的特殊性，千篇一律的指示系统是不能唤起人们对这个企业的记忆和关注的。所以在指示系统载体产品的具体外形设计上要体现不同企业的文化个性，通过这种差异性产生独具魅力的企业形象。

4. 可操作性。指示系统是实实在在可以具体操作，能付诸实施的战略与战术，而不是空洞、抽象的哲理。具体表现为产品安装的可操作性，力学结构的合理性，材料工艺的可实现性，成本核算的实际性，符合人机工程。

5. 符合国际通行的标准。图案样式采用国际通行的标识，使用符合国家标准的汉语和拼写规范、符合英语习惯书写规范的中英双语文字标识。

海滨花园

07

植被绿化

植被是景观设计的重要素材之一。景观设计中的素材包括草坪、灌木和各种大、小乔木等。巧妙合理地运用植被，不仅可以成功营造出人们熟悉喜欢的各种空间，还可以改善住户的局部气候环境，使住户和朋友、邻里在舒适愉悦的环境里完成交谈、驻足聊天、照看小孩等活动。

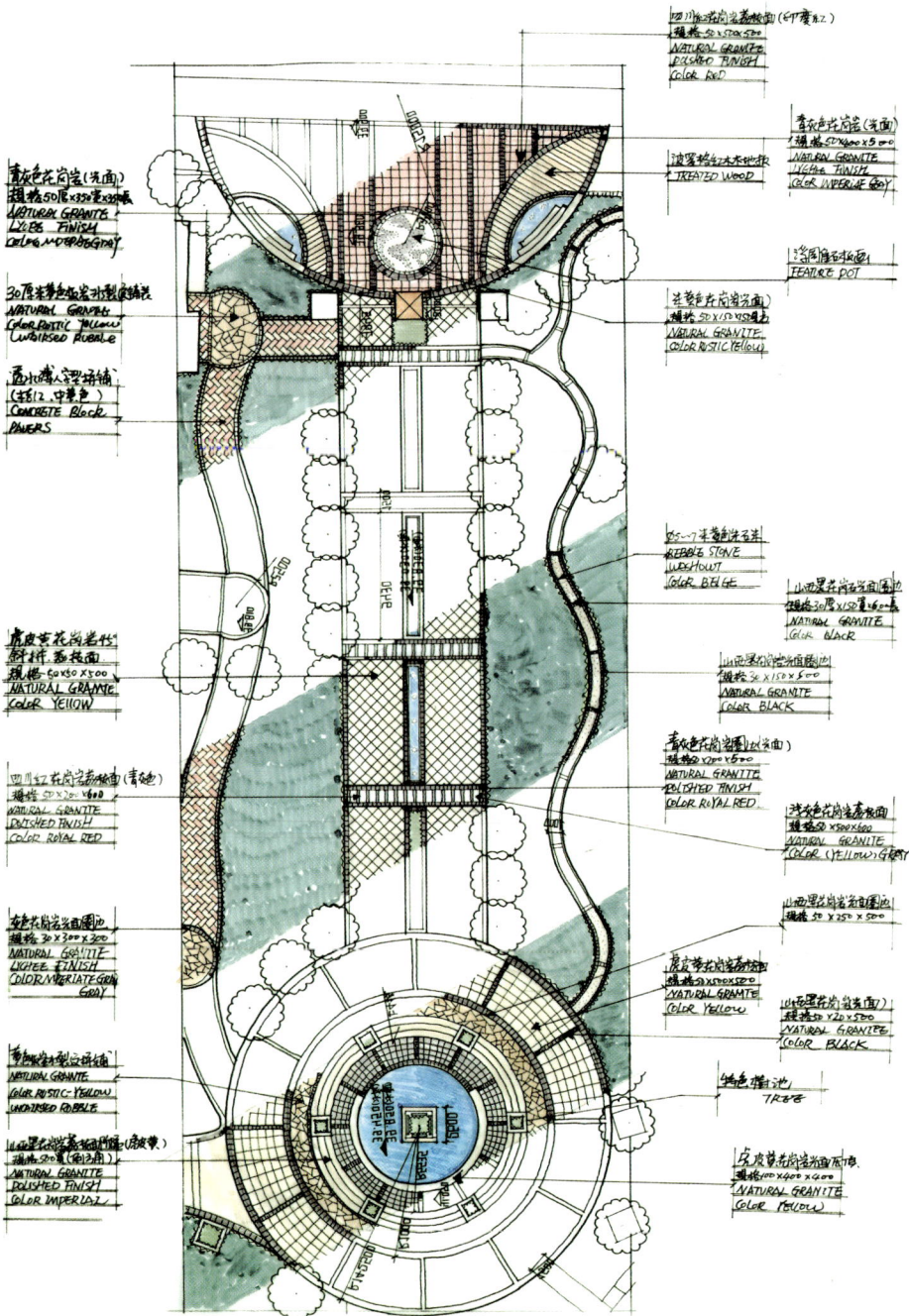

一、绿化设计的作用

植被的功能包括视觉功能和非视觉功能。非视觉功能指植被改善气候、保护物种的功能；植被的视觉功能指植被在审美上是否能使人感到心旷神怡的功能。通过视觉功能可以实现空间分割，形成构筑物、景观装饰等功能。

Gary O·Robinette 在其著作《植物、人和环境品质》中将植被的功能分为四大方面：建筑功能、工程功能、调节气候功能、美学功能。

1. 建筑功能：界定空间、遮景、提供私密性空间和创造系列景观等，简言之，即空间造型功能。

2. 工程功能：防止眩光、防止水土流失、噪音及交通视线诱导。

3. 调节气候功能：遮荫、防风、调节温度和影响雨水的汇流等。

4. 美学功能：强调主景、框景及美化其他设计元素，使其作为景观焦点或背景；另外，利用植被的色彩差别、质地等特点还可以形成小范围的特色，以提高景观的识别性，使景观更加人性化。

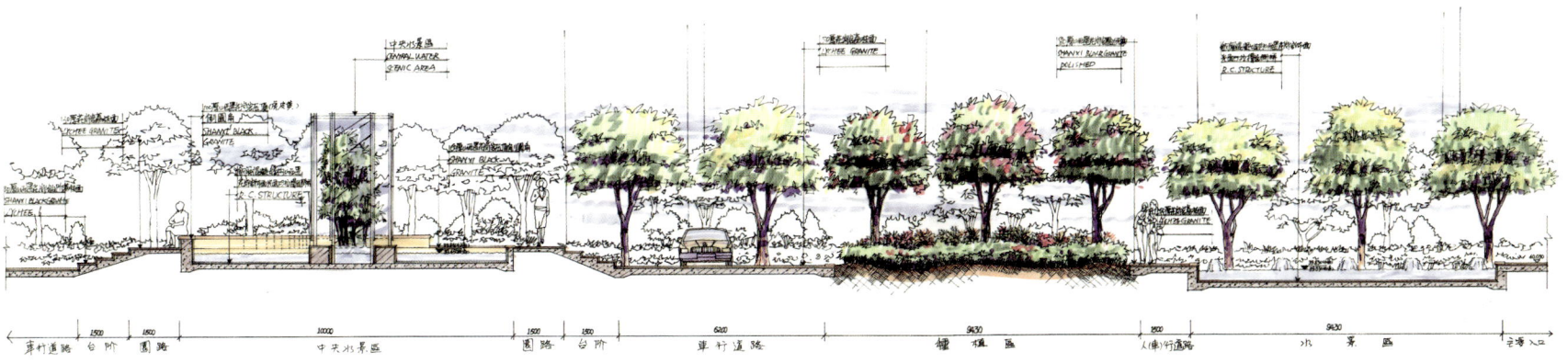

中央水景區
CANAL WATER SCENIC AREA

SHANXI BLACK GRANITE
WHITE GRANITE
R.C STRUCTURE
SHANXI BLACK GRANITE POLISHED

| 1500 | 1500 | 10000 | 1500 | 1500 | 6200 | 9430 | 1500 | 9430 |

車行道路　台階　園路　　　中央水景區　　　園路　台階　車行道路　　　種植區　　　人(車)行道路　　　水景區　　　空場入口

BLACK GRAN.TB
CONCRETE BLOCK PAVERS

剖面圖 1:50

| 1400 | 1200 | 4500 | 1200 | 8200 | 1200 | 5500 | 1200 | 3200 |

入戶車道　種植區　人行通道　種植區　人行通道　種植區　人行通道　種植區　入戶通道

二、常用景观植物举例

		植物名称	规格(cm)				
				43		山丹	H40 D30
乔木	1	榉树	H350-400Φ10-12	44		杜鹃	H40 D30
	2	香樟	H350-400Φ10-12	45		云南黄素馨	H40 D30
	3	广玉兰	H300-350Φ8-10	46		南天竹	H40 D30
	4	鹅掌楸	H350-400Φ10-12	47		红花继木	H40 D30
	5	垂柳	H300-350Φ8-10	48		金叶女贞	H40 D30
	6	水杉	H350-400Φ8-10	49		海桐	H60 D40
	7	池杉	H350-400Φ8-10	50		石楠	H40 D30
	8	水蜜桃	H250-300Φ6-8	51		木槿	H40 D30
	9	无患子	H300-350Φ8-10	52		福建茶	H40 D30
	10	黑松	H250-300Φ6-8	53		瑞香	H40 D30
	11	银杏	H250-300Φ6-8	54		夜合花	H40 D30
	12	合欢	H350-400Φ8-10	55		栀子花	H50 D40
	13	紫薇	H250-300Φ6-8	56		米兰	H50 D40
	14	枫香	H250-300Φ6-8	57	灌木	金丝桃	H70
	15	油杉	H250-300Φ6-8	58		火棘	H50 D30
	16	女贞	H200-250Φ5-6	59		茉莉	H40 D30
	17	木荷	H250-300Φ8-10	60		毛杜鹃	H40 D40
	18	石榴	H180-200Φ5-6	61		紫叶李	H150
	19	鸡爪槭	H180-200Φ5-6	62		木芙蓉	H150
	20	樱花	H200-250Φ5-6	63		狭叶十大功劳	H120
	21	细叶榕	H300-350Φ8-10	64		八角金盘	H120
	22	垂叶榕	H150 D120	65		山茶	H150
	23	湿地松	H300-350Φ6-7	66		丁香	H150
	24	天竺桂	H250-300Φ7-8	67		结香	H120
	25	腊肠树	H250-300Φ7-8	68		瓜子黄杨	H30 D430
	26	龙爪槐	H150-200Φ5-6	69		红叶小檗	H30 D25
	27	深山含笑	H200-250Φ5-6	70		月季	H30 D30
	28	杜英	H250-300Φ7-8	71		马樱丹	H20 D20
	29	枇杷	H200-25 0Φ6-7	72		麻叶绣线菊	H20 D20
	30	马褂木	H250-300Φ8-10	73		萱草	H20 D20
	31	白兰花	H250-300Φ7-8	74		鸢尾	H30 D20
	32	腊梅	H150-200Φ4-6	75		玉簪	H20 D20
	33	紫玉兰	H50-200Φ4-6	76	草本	美人蕉	H50 D40
棕榈	34	棕榈	H1250-300头Φ25-30	77		马尼拉草	H20 D20
	35	蒲葵	H300-350头Φ25-30	78		白花三叶草	H20 D20
	36	海枣	头Φ25-30	79		麦冬	H20 D20
	37	苏铁	头Φ25-30	80		白花三叶草	H20 D20
竹	38	佛肚竹	H250-300	82		八仙花	H30 D20
	39	黄金间壁玉竹	H250-300	83		紫藤	L130
	40	紫竹	H200-250	84	藤本	络石	L150
	41	孝顺竹	H250-300	85		炮仗花	L120
	42	毛竹	H250-300	86		藤本月季	L100

      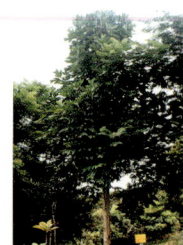

| 美丽异木棉 | 黄槐 | 小叶榄仁 | 长芒杜英 | 幌伞枫 | 凤凰木 | 马褂木 |

| 红花洋蹄甲 | 枫香 | 相思树 | 银桦 | 垂柳 | 刺桐 | 大花紫薇 |

| 南洋楹 | 古榕 | 鸡蛋花 | 吊丝单竹 | 黄金竹 | 水石榕 |

| 二乔木兰 | 山茶花 | 红继木 | 红绒球 | 澳洲鸭脚木 | 紫叶李 |

| 金凤花 | 朱槿 | 毛杜鹃 | 米仔兰 | 栀子花 | 小圆叶蒲葵 |

黄花马缨丹

黄蝉

狗牙花

番茉莉

长春花

红鸟蕉

繁星花

龙船花

金苞花

蓝雪花

美女缨

四季秋海棠

月季

金英

吊竹梅

白掌

海南洒金

红背桂

花叶艳山姜

满地黄金

葱兰

鸢尾

水葱

旱伞草

混种形式之一

混种形式之二

三、绿化设计要点：

与景观道路、广场有关的绿化形式有：中心绿岛、回车岛等，行道树，花钵、花坛、树阵，两侧绿化。

最好的绿化效果，应该是林荫夹道。郊区大面积绿化，行道树可和两旁绿化种植结合在一起，自由进出，不按间距灵活种植，实现路在林中走的意境，这不妨称之为夹景；一定距离在局部稍作浓密布置，形成阻隔，是障景。障点使人有"山重水复疑无路，柳暗花明又一村"的意境。城市绿地则要多几种绿化形式，才能减少人为的破坏。在车行道路，绿化的布置要符合行车安全视距、转弯半径等要求。特别是不要沿路边种植浓密树丛，以防人穿行时刹车不及。

要考虑把"绿"引伸到道路、广场的可能，相互交叉渗透，最为理想。使用点状路面，如旱汀步、间隔铺砌，使用空心砌块，目前使用最多的是植草砖。小区常用的植草板，可使绿地占铺砌面2/3以上。在道路、广场中嵌入花钵、花树坛、树阵。

道路和绿地的高低关系。设计好的道路，常是浅埋于绿地之内，隐藏于绿丛之中的。尤其是山麓边坡外，景观中的道路一经暴露便会留下道道横行痕迹，极不美观，因此设计者往往要求路比"绿"低，但不一定是比"土"低。由此带来的是汇水问题，这时单边式道路两侧，距路1米左右，要安排很浅的明沟，降雨时汇水泻入的雨水口，天晴时乃是草地的一种起伏变化。

城市道路的绿化与道路的性质相关，有很大不同，如高速公路、高架路、景观大道、步行街等。

四、绿化设计规律

1. 点、线、面的图式法则
    乔木、灌木、地被的分布规律与互相间关系是将自然形象理想化，这就需要设计师具有艺术想像力。绿化设计就是艺术想像力的创造活动，这种创造活动赋予绿化新的语言，沟通了人与自然之间的情感。其分布规律离不开点、线、面的图式法则。

    (1). 点的运用，植物栽种的点是指单体或几株植物的零星点缀，点在绿化中起画龙点睛的作用，点的合理运用是园林设计师创造力的延伸，其手法有：自由、陈列、旋转、放射、节奏、特异等，不同点的排列会产生不同的视觉效果。点是一种轻松、随意的装饰美，是园林设计的重要组成部分。

    (2). 线的运用，这里所称的线指用乔木栽种的线或是地被块面分布构成的线，如色带、花境。线可分直线、曲线两种。要把绿化图案化，线的运用是基础，色带的宽度可产生远近的关系，同时，线有很强的方向性，垂直线庄重有上升之感，曲线有自由流动、柔美之感。神以线而传，形以线而立，色以线而明，绿化中的线不仅具有装饰美，而且充溢生命活力的流动美。

    (3). 面的运用，绿化中的面主要指群落式乔木种植、灌木丛和绿地草坪。面可以组成各种各样的形，如任意的、多边的、几何的；把它们平铺、层叠或相交，有非常丰富的表现力。

2. 节奏与韵律

绿化必须强调节奏感和韵律感，这是产生形式美不可忽视的一种艺术手法。一切艺术都与节奏和韵律有关，绿化装饰中的节奏主要体现在：强弱和长短、疏密、高低、刚柔、曲直、方圆、大小、错落等对比关系的配合。节奏，近似节拍，是一种波浪起伏的律动，当形、线、色、块整齐而有条理地重复出现，或富有变化地重复排列时，就可获得节奏感。

3. 形式美

形式与内容不能分离，形式美是艺术发展和生存的条件，所谓创新，总是从形式探索上开始的，美感富于形式之中，没有形式就没有设计。然而，形式美不是轻易能得到的，它来自生活，来自发现，来自创造性的想象，来自艺术家综合性的修养。形式美的创造是设计师终身追求的目标，如："疏可跑马，密不透风"，"大而不空，小而不阻"，"方中见圆，圆中见方"，"柔中有刚，刚中有柔"。绿化的形式美，不仅是自然美，而且还是人工美、再创造美。

4. 抽象手法的运用

（1）. 简洁化抽象：用理性归纳法，将自然形象进行整理，舍弃一切具体的东西，然后越过具象的界限，达到抽象的境界，或是把它们组合而构成平面或是立体的装饰形象。

（2）. 几何形抽象：以纯粹的点、线、面、块等几何基本原型为材料，按美的法则通过空间变化：平移、旋转、放射、扩大、混合、切割、错位、扭曲，还有不同质感材料组合，来创造出具有特殊美的绿化装饰形象。

总之，在构造社会与绿化及艺术之间的错综关系中，寻找最贴切中国环境绿化的艺术语言，来创造理念与自然合一的生活空间，实现艺术与都市、人与自然、传统与现代和谐统一。

08

第一节 景观规划设计步骤

一、方案阶段

1. 接受设计任务、基地实地踏勘，同时收集有关资料

一个建设项目的业主（俗称"甲方"）会用一定途径向社会提出招标设计方案，或者会邀请一家或几家设计单位进行方案设计。作为设计方（俗称"乙方"）在与业主初步接触时，要了解整个项目的概况，包括建设概况、投资规模、可持续发展等各方面，要了解业主对这个项目的总体设想和服务对象。基地现场踏勘，收集规划设计前必须掌握的原始资料，包括：

(1). 所处地区的气候条件，水文、土壤；

(2). 生态环境和人文环境；

(3). 基地内各处地形大致标高、走向等。

2. 初步的总体构思及修改

认真阅读业主提供的"设计任务书"（或"设计招标书"）。在设计任务书中详细列出了业主对建设项目的各方面要求：总体定位性质、内容、投资规模、技术与经济相互控制及设计周期等。在进行总体规划构思时，要将业主提出的项目总体定位作一个构想，并与抽象的文化内涵以及深层的警世寓意相结合，同时必须考虑将设计任务书中的规划内容融合到有形的规划构图中去。构思草图只是一个初步的规划轮廓，接下去要结合收集到的原始资料对草图进行补充修改。逐步明确总图中的入口、广场、道路、湖面、绿地、建筑小品、管理用房等各元素的具体位置。经过这次修改，会使整个规划在功能上趋于合理，在构图形式上符合园林景观设计的基本原则：美观、舒适（视觉上）。

3. 方案文本的制作包装

经过初次修改后的规划构思，还不是一个完全成熟的方案。设计人员此时应该虚心好学、集思广益，多渠道、多层次、多次数地听取各方面的建议。提高方案质量，注意规划原则是否正确，立意是否具有新意，构图是否合理、简洁、美观，是否具可操作性等。整个方案全部定下来后，图文的包装必不可少。最后，将规划方案的说明、总平、景观概算、绿化、水电设计的一些主要节点，汇编成文字部分；将规划平面图、功能分区图、绿化种植图、小品设计图、全景透视图、局部景点透视图，汇编成图纸部分。文字部分与图纸部分的结合，就形成一套完整的规划方案文本。

二、方案深化阶段

1. 业主的信息反馈

业主拿到方案文本后，一般会在较短时间内给予一个答复。答复中会提出一些调整意见：包括修改、添删项目内容和投资规模的增减、用地范围的变动等。针对这些反馈信息，设计人员要在短时间内对方案进行调整、修改和补充。现在各设计单位电脑出图率已相当普及，因此局部的平面调整还是能较顺利按时完成的。而对于一些较大的变动，或者总体规划方向的大调整，则要花费较长时间，甚至推倒重做。对于业主的信息反馈，设计人员如能认真听取，并积极主动地完成调整方案，则会赢得业主的信赖，对今后的设计工作能产生积极的推动作用；相反，设计人员如马马虎虎、敷衍了事，或拖拖拉拉，不按规定日期提交调整方案，则会失去业主的信任，甚至失去这个项目的设计任务。一般调整方案的工作量没有前面的工作量大，大致需要一张调整后的规划总图和一些必要的方案调整说明、框（估）算调整说明等，但它的作用却很重要，以后的方案评审会，以及施工图设计等，都是以调整方案为基础进行的。

2. 方案设计评审会

由有关部门组织的专家评审组，会集中一天或几天时间，举行一个专家评审（论证）会。出席会议的人员，除了各方面专家外，还有建设方领导，市、区有关部门的领导，以及项目设计负责人和主要设计人员。作为设计方，项目负责人一定要结合项目的总体设计情况，在有限的一段时间内，将项目概况、总体设计定位、设计原则、设计内容、技术经济指标、总投资估算等诸多方面内容，向领导和专家们作一个全方位汇报。汇报人必须清楚，自己心里了解的项目情况，专家们不一定都了解，因而，在某些环节上，要尽量介绍得透彻一点、直观化一点，并且一定要具有针对性。在方案评审会上，宜先将设计指导思想和设计原则阐述清楚，然后再介绍设计布局和内容。设计内容的介绍，必须紧密结合先前阐述的设计原则，将设计指导思想及原则作为设计布局和内容的理论基础，而后者又是前者的具象化体现。两者应相辅相成，缺一不可。切不可造成设计原则和设计内容南辕北辙。方案评审会结束后几天，设计方会收到打印成文的专家组评审意见。设计负责人必须认真阅读，对每条意见，都应该有一个明确答复，对于特别有意义的专家意见，要积极听取，立即落实到方案修改稿中。

3. 扩初设计评审会

设计者结合专家组方案评审意见，进行深入一步的扩大初步设计（简称"扩初设计"）。在扩初文本中，应该有更详细、更深入的总体规划平面、总体竖向设计平面、总体绿化设计平面、建筑小品的平、立、剖面（标注主要尺寸）。在地形特别复杂的地段，应该绘制详细的剖面图。在剖面图中，必须标明几个主要空间地面的标高（路面标高、地坪标高、室内地坪标高）、湖面标高（水面标高、池底标高）。在扩初文本中，还应该有详细的水、电气设计说明，如有较大用电、用水设施，要绘制给排水、电气设计平面图。扩初设计评审会上，专家们的意见不会象方案评审会那样分散，而是比较集中，也更有针对性。设计负责人的发言要言简意赅，对症下药。根据方案评审会上专家们的意见，我们要介绍扩初文本中修改过的内容和措施。未能修改的意见，要充分说明理由，争取能得到专家评委们的理解。

在方案评审会和扩初评审会上，如条件允许，设计方应尽可能运用多媒体电脑技术进行讲解，这样，能使整个方案的规划理念和精细的局部设计效果完美结合，使设计方案更具有形象性和表现力。一般情况下，经过方案设计评审会和扩初设计评审会后，总体规划平面和具体设计内容都能顺利通过评审，这就为施工图设计打下了良好的基础。总的说，扩初设计越详细，施工图设计越省力。

三、施工图阶段

1. 基地的再次踏勘

施工图制作过程中的基地的再次踏勘，必须满足：

(1). 参加人员范围的扩大，包括建筑、结构、水、电等各专业的设计人员；

(2). 踏勘深度的不同，前一次是粗勘，这一次是精勘；

(3). 掌握最新、变化了的基地情况。

2. 施工图的设计

基地的再次踏勘的基础的，设计单位各部门必须开始准备总体的施工图。包括土建、绿化、水电三大块的施工图纸。伴随着大项目、大工程的产生，特别是由于施工周期的紧迫性，有时只能先出一部分急需施工的图纸，从而使整个工程项目处于边设计边施工的状态。实行"先要先出图"的出图方式。一般来讲，在大型园林景观的施工图设计中，施工方急需的图纸是：

(1). 总平面放样定位图；

(2). 竖向设计图；

(3). 一些主要的大剖面图；

(4). 水的总体上水、下水、管网布置图，主要材料表；

(5). 电的总平面布置图、系统图等。先期完成一部分施工图，以便进行即时开工。紧接着就要进行各个单体建筑小品的设计，包括建筑、结构、绿化、水、电的各专业施工图设计。另外，作为整个工程项目设计总负责人，往往同时承担着总体定位、竖向设计、道路广场、水体，以及绿化设计的施工图设计任务。他不但要按时，甚至提早完成各项设计任务，而且要把很多时间、精力花费在开会、协调、组织、平衡等工作上。尤其是甲方与设计方之间、设计方与施工方之间、设计各专业之间的协调工作更不可避免。往往工程规模越大，工程影响力越深远，组织协调工作就越繁重。从这方面看，作为项目设计负责人，不仅要掌握扎实的设计理论知识和丰富的实践经验，更要具备强烈的工作责任心和优良的职业道德，这样才能更好地担当起这一重任。

3. 施工图的交底

业主拿到施工设计图纸后，会联系监理方、施工方对施工图进行看图和读图。看图属于总体上的把握，读图属于具体设计节点、详图的理解。之后，由业主牵头，组织设计方、监理方、施工方进行施工图设计交底会。在交底会上，业主、监理、施工各方提出看图后所发现的各专业方面的问题，各专业设计人员将对口进行答疑，一般情况下，业主方的问题多涉及总体上的协调、衔接；监理方、施工方的问题常提及设计节点、大样的具体实施，双方侧重点不同。由于上述三方是有备而来，并且有些问题往往是施工中关键节点，因而设计方在交底会前要充分准备，会上要尽量结合设计图纸当场答复，现场不能回答的，回去考虑后尽快做出答复。

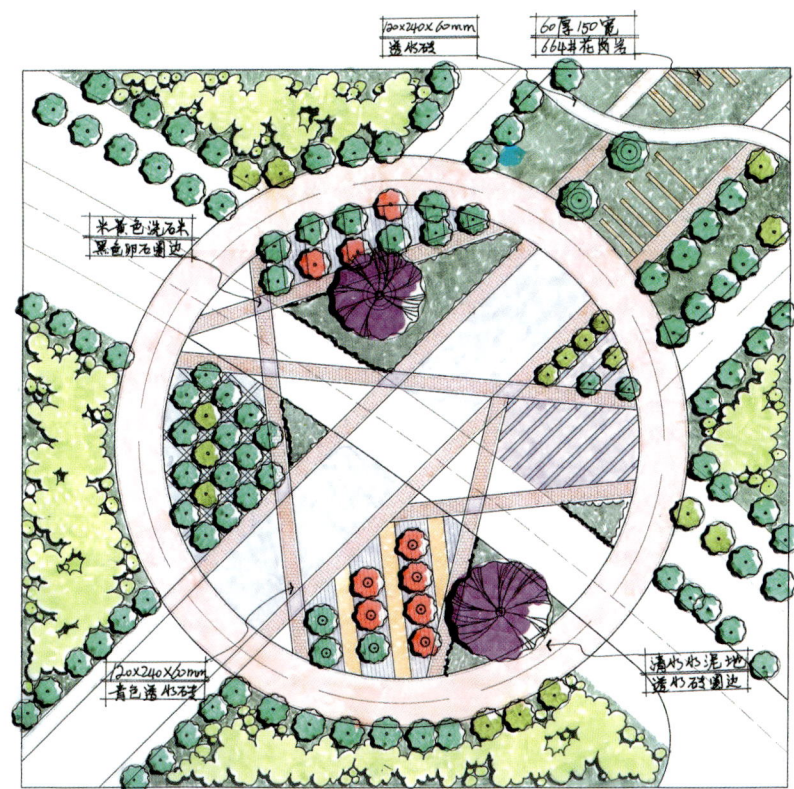

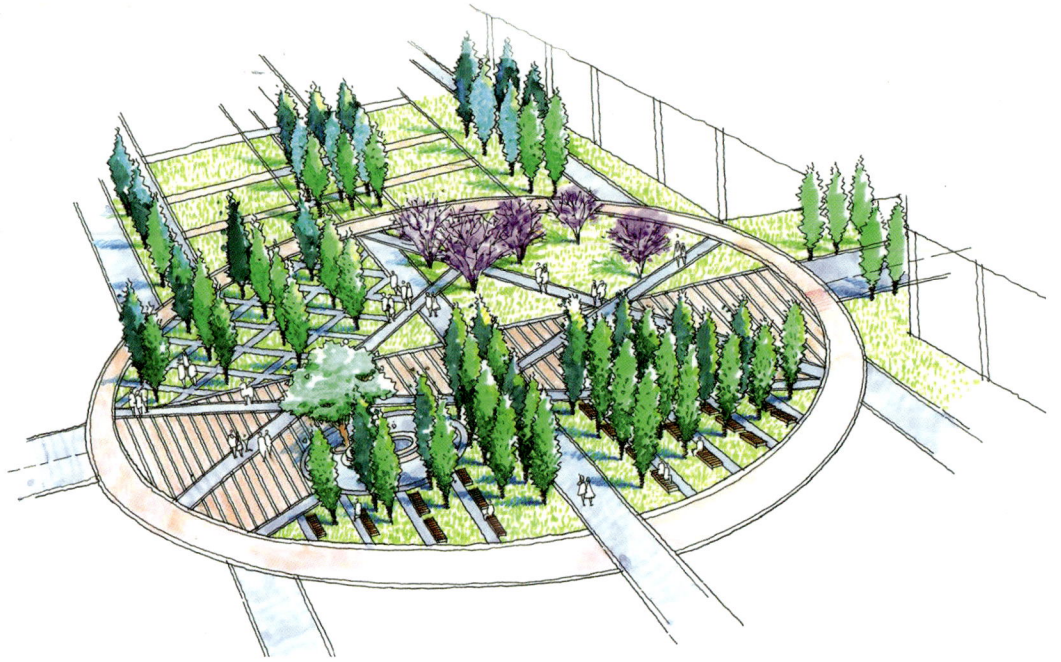

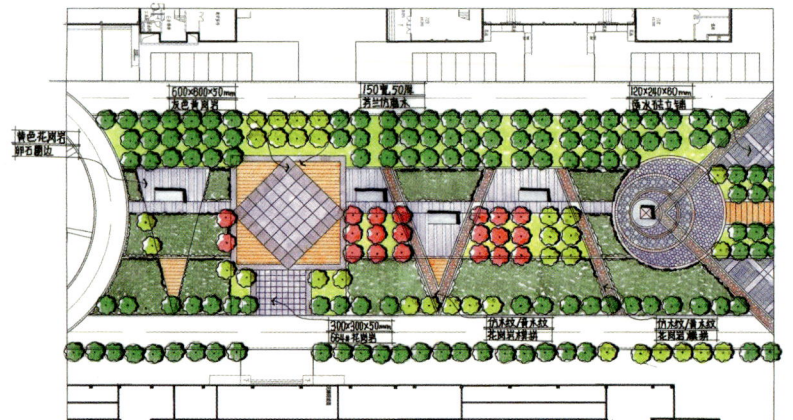

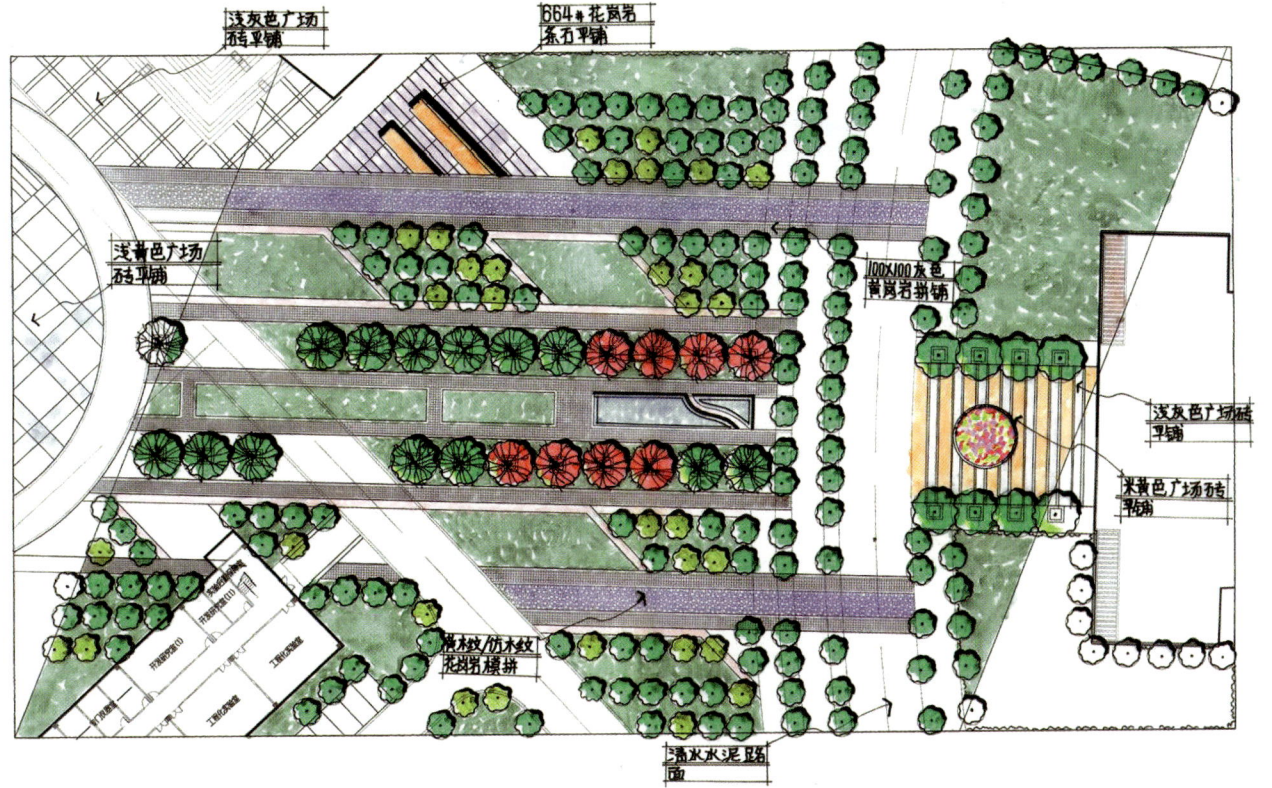

淺灰色广场
磚平鋪

664#花崗岩
条石平鋪

淺黄色广场
磚平鋪

100X100灰色
黄崗岩拼鋪

淺灰色广场磚
平鋪

米黄色广场磚
平鋪

橫紋/仿木紋
花崗岩模拼

潑水水泥路
面

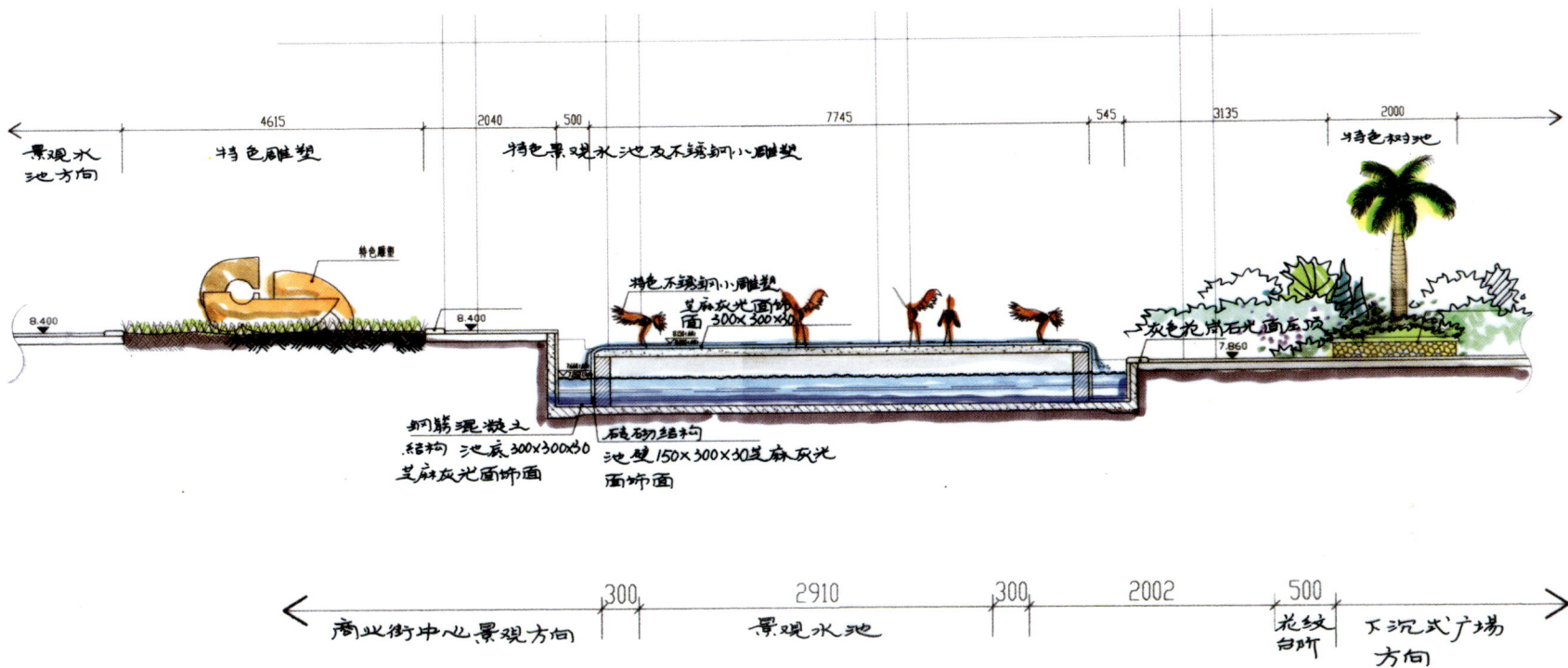

4615　　2040　500　　7745　　545　3135　2000

景观水池方向　　特色雕塑　　特色景观水池及不锈钢小雕塑　　特色树池

特色雕塑

8.400　　8.400

特色不锈钢小雕塑
芝麻灰光面饰面
300×300×30

灰色花岗石光面压顶
7.860

钢筋混凝土
结构 池底300×300×30
芝麻灰光面饰面

砖砌结构
池壁150×300×30芝麻灰光
面饰面

300　　2910　　300　　2002　500　　

商业街中心景观方向　　景观水池　　花纹台阶　　下沉式广场方向

11.940

7.860　　花纹台阶

7.860

7.560

芝麻灰花岗石
路面

7.660（水面）
7.260（池底）

选用黑光
面压顶

黄锈石花岗石
地面

池壁150×300×30

钢筋混凝土结构
池底 300×300×30芝麻灰光面饰面

黄锈石花岗石地面

芝麻灰光面饰面

77

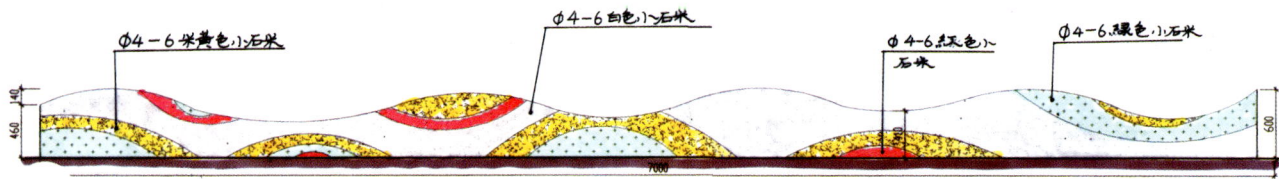

Φ4-6米黄色小石米　　Φ4-6白色小石米　　Φ4-6红色小石米　　Φ4-6绿色小石米

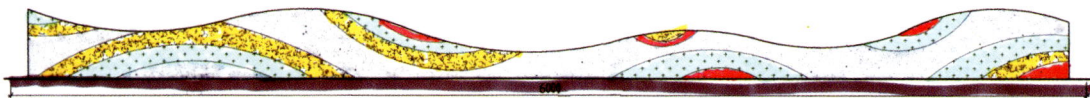

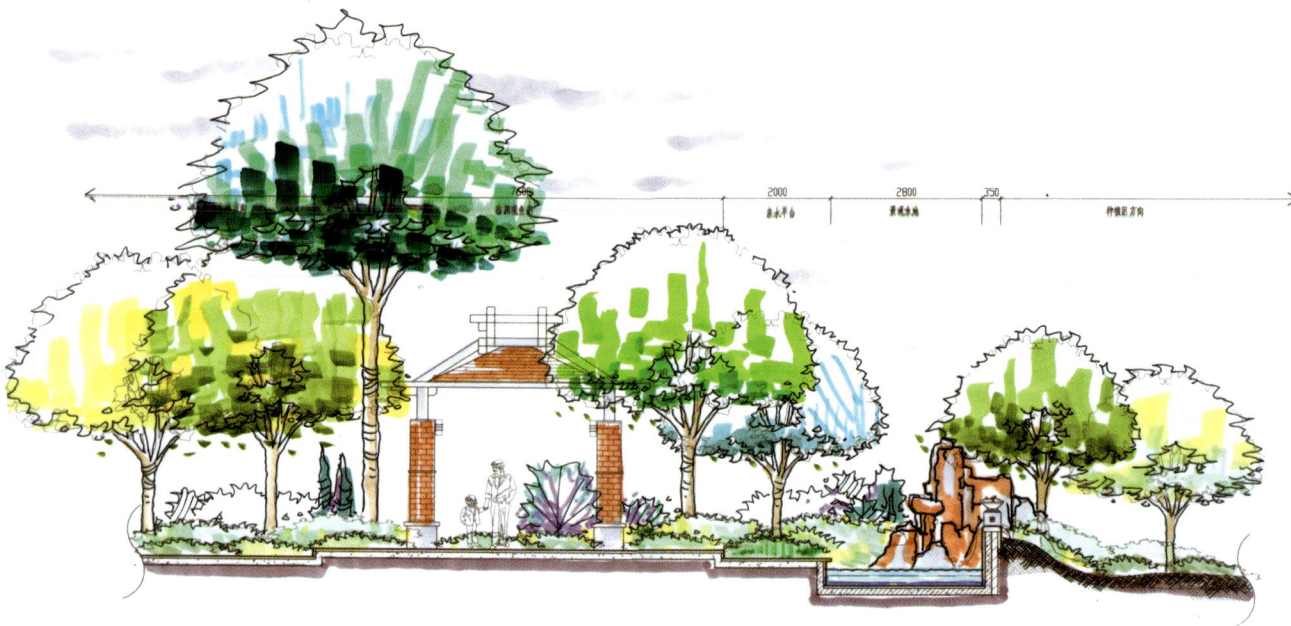

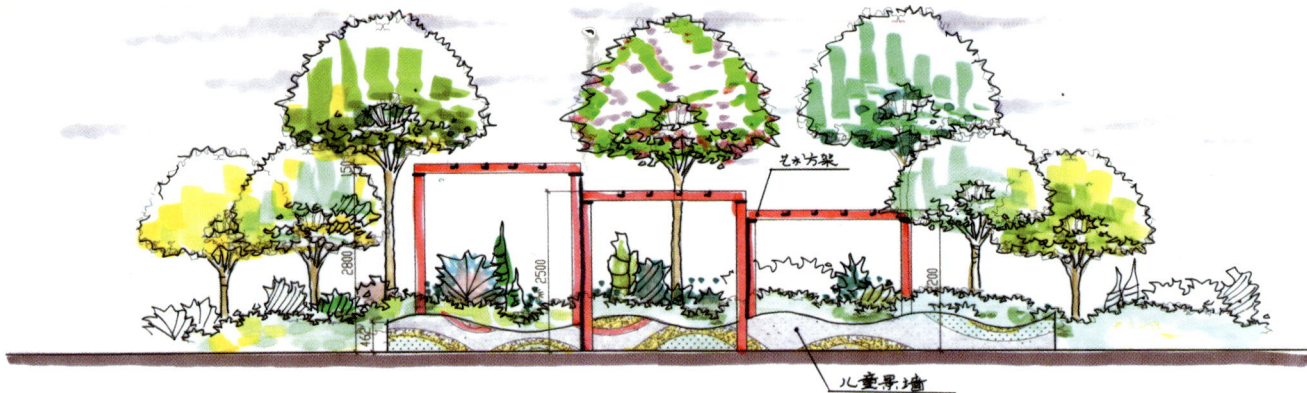

艺术方架

儿童景墙

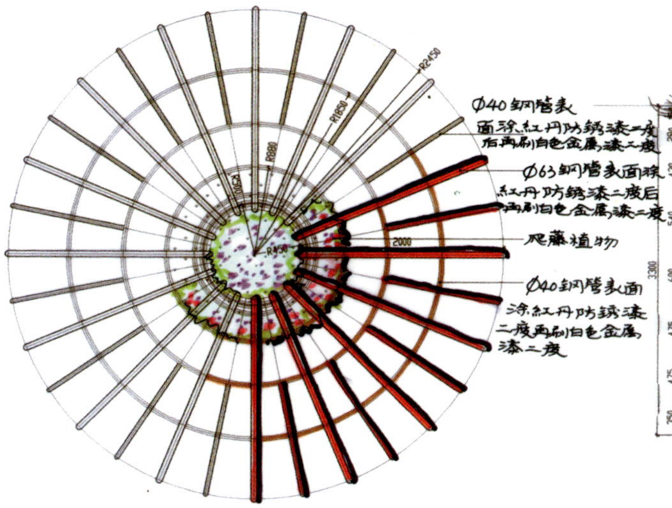

Ø40钢管表
面涂红丹防锈漆二度
后再刷白色金属漆二度
Ø63钢管表面涂
红丹防锈漆二度后
再刷白色金属漆二度
爬藤植物
Ø40钢管表面
涂红丹防锈漆
二度再刷白色金属
漆二度
R2450
R1650
R880
R450
2000

Ø40钢管表面涂红丹防锈漆二度后再
刷白色金属漆二度
爬藤植物
Ø63钢管表面涂红丹防锈漆二度后再
刷白色金属漆二度
Ø40钢管表面涂红丹防锈漆二度后再
刷白色金属漆二度
Ø20钢管表面涂红丹防锈漆二度
后再刷白色金属漆二度
Ø63钢管表面涂红丹防锈漆二度
后再刷白色金属漆二度
30厚400长芬兰木
280
430
540
600
475
475
350
3300

6000
500
5000
500
50×50方钢漆兰灰色
80×80 方钢漆深咖啡色
200高造型钢板漆兰灰色
150高钢板漆深咖啡色
60×60 方钢漆兰灰色
钢筋混凝土柱25厚菠萝格木板
饰面
特色艺术花钵
钢管漆深
咖啡色
黄沙岩
黄锈石冰
裂纹拼贴路面
930
560
4500
3010
青灰色板岩冰
裂纹拼贴勾白缝
钢筋混凝土结构
池底池壁 150×300×30芝麻灰饰面

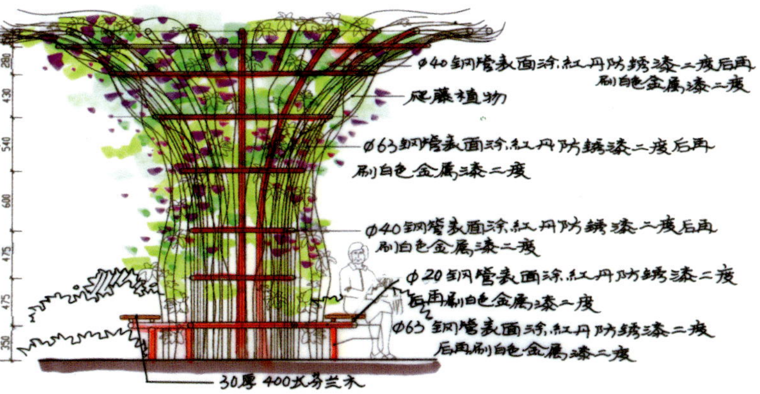

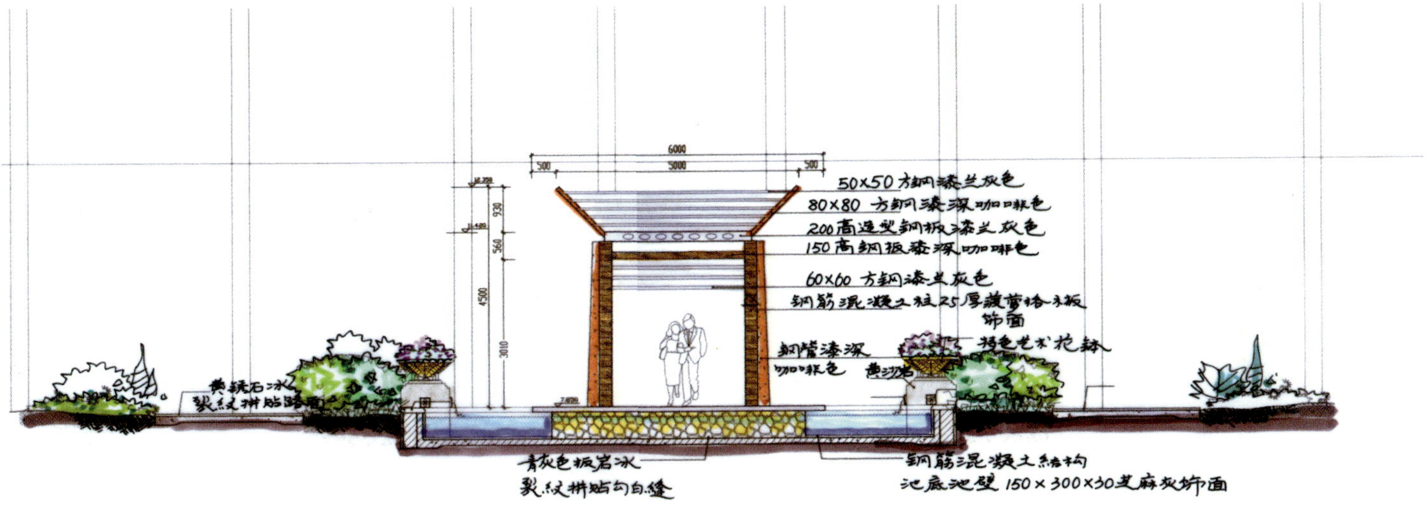

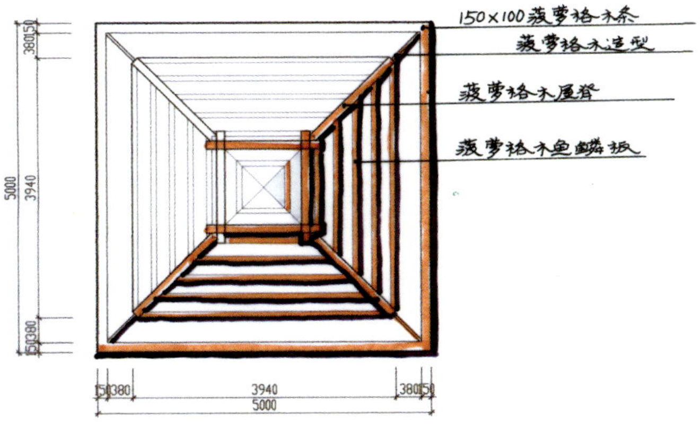

150×100菠萝格木条
菠萝格木造型
菠萝格木屋脊
菠萝格木鱼鳞板
5000
3940
150
380
3940
380
150
5000

5000
1650
1700
1650
150×150 菠萝格木条
150×150菠萝格木条
菠萝格木鱼鳞板
菠萝格木屋脊
150×150菠萝格木条
菠萝格
木柱
菠萝格木造型
成品灯具
钢筋混凝土柱
100×200浅青灰色饰面
灰色花岗石光面压顶
福鼎黑光面(整料)
1500
4500
3000
1900
500

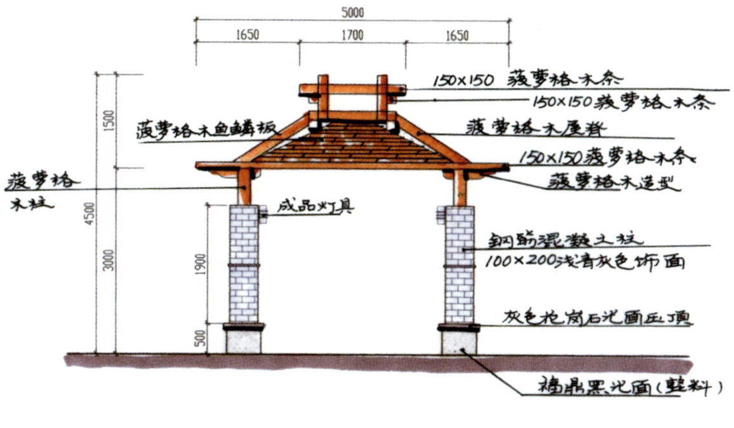

施工图设计说明

一、工程概况

二、设计依据

三、一般说明

四、土建说明

1. 材料要求

2. 铺装及饰面做法

铺装地面构造做法①　天然板岩碎拼②

3. 地基夯实与压密

4. 其他

底草砖地面构造做法③

F.A.M 泛亚远景环境设计工程有限公司 (中国·福州) 一品新筑售楼部景观工程

设计说明

平板桥 08

300宽∅20-30白色卵石散铺

300*100*20山西黑光面圈边

300*100*20山西黑光面嵌边

20厚青色板岩碎拼

水中木栈道

300*200*20黄锈石烧面铺装

300*100*20山西黑光面圈边

木栈道

绿地

设计范围线

树池B,4个

大阳伞

挡土毛条石

300*300*20山西黑烧面间缝(余同)

绿化色带种植(余同)

建筑散水

绿地

水池

候慈椅

喷泉(共3个)

售楼部室内设计甲方自理

树池A,4个　09

木桥　07

广告牌

木桥　07

竹丛种植

水池

水池

磨蘑石水池压边

水面-0.350

水底-0.700

挡土毛条石

绿化色带种植(余同)

绿地

上1级

水中汀步

入口台地花岗岩铺装

300*300*20山西黑烧面间缝(余同)

混凝土车道（甲方自理）

绿色嵌草砖铺装

200宽红色嵌草砖间隙(余同)

总平面图　1:150

N

F.A.M 泛亚远景环境设计工程有限公司 (中国·福州) 项目: **一品新筑售楼部景观工程**

项目负责人	毛文正			
审核	薛光正	图名:	项目编号	06010
校对	卓金良	总平面图	图别	土建
设计	罗金昌		图号	02
制图	罗金昌		日期	2006.08

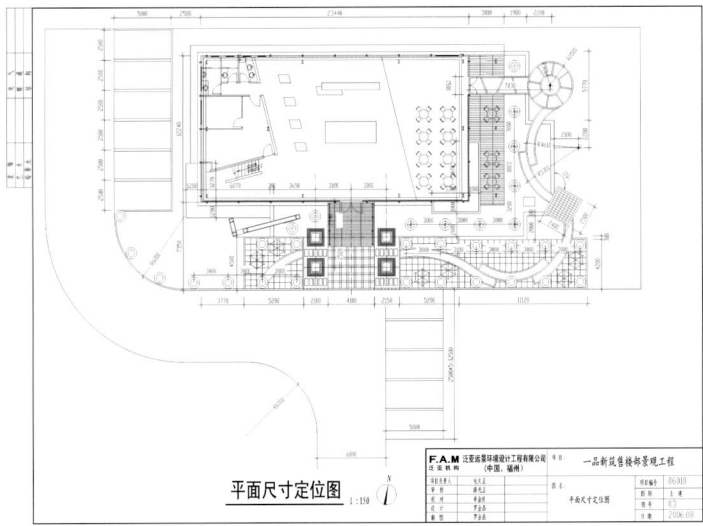
平面尺寸定位图 1:150

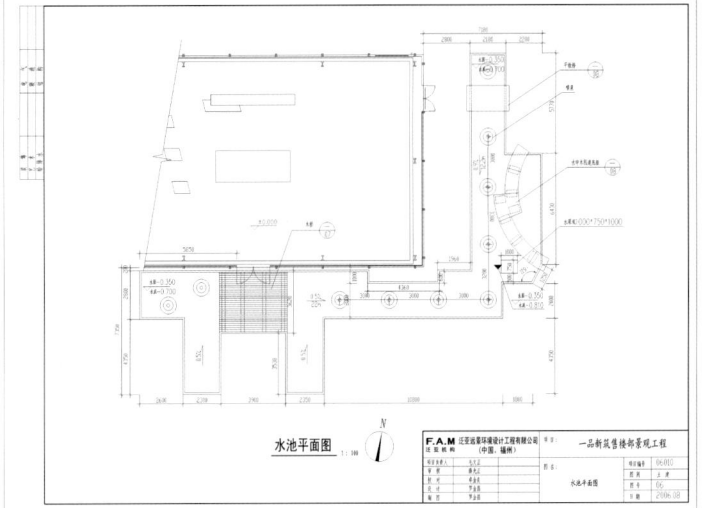
水池平面图 1:100

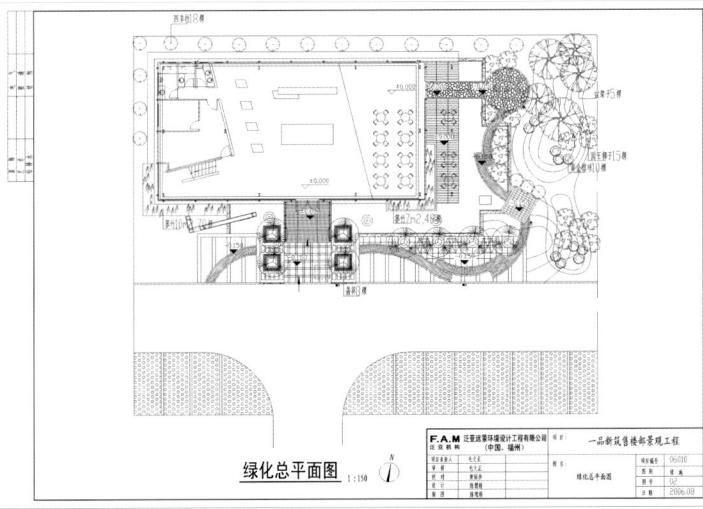
绿化总平面图 1:150

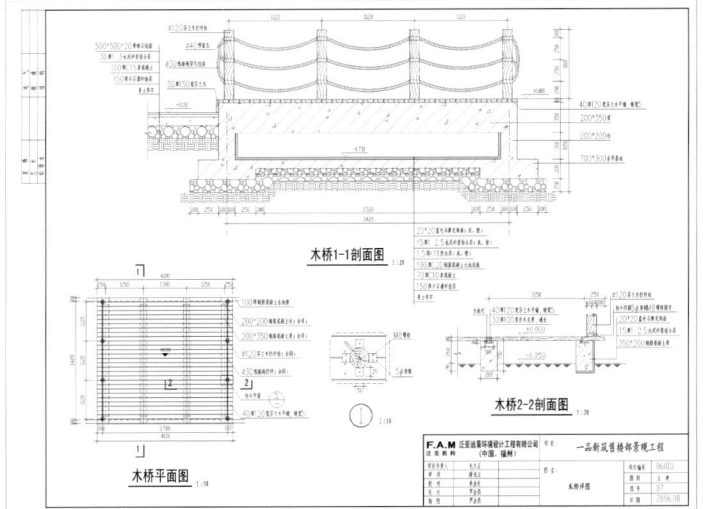
木桥1-1剖面图
木桥2-2剖面图
木桥平面图

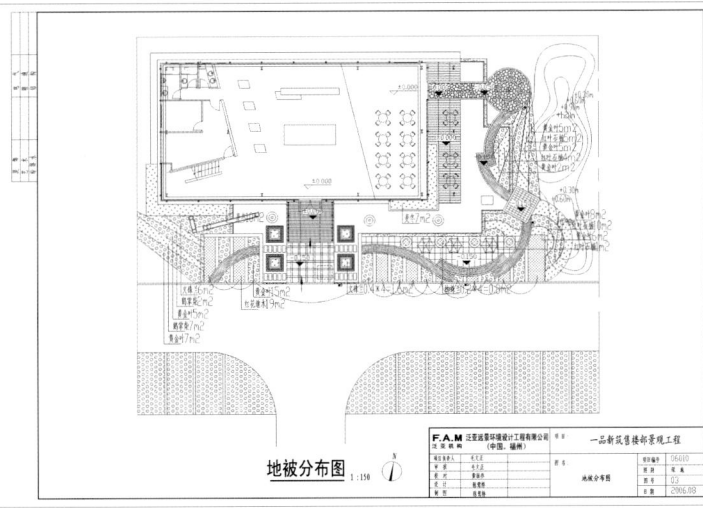
地被分布图 1:150

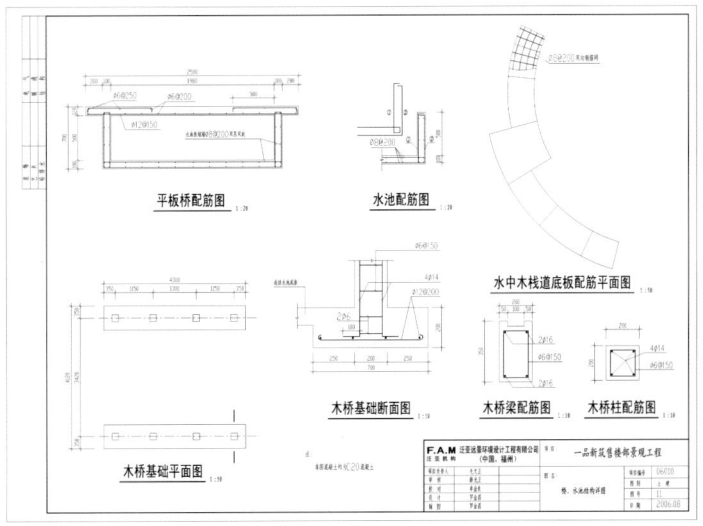
平板桥配筋图
水池配筋图
水中木栈道底板配筋平面图
木桥基础断面图
木桥梁配筋图
木桥柱配筋图
木桥基础平面图

一品新筑售楼部景观工程

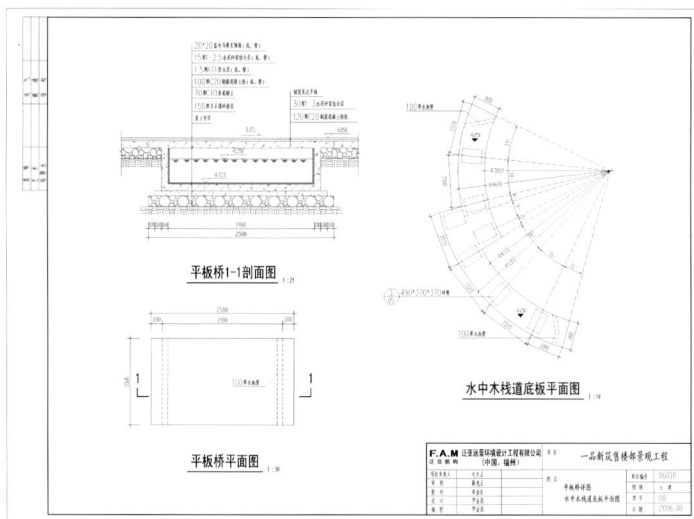

平板桥1-1剖面图

水中木栈道底板平面图

平板桥平面图

F.A.M 泛亚远景环境设计工程有限公司
(中国·福州)
一品新筑售楼部景观工程

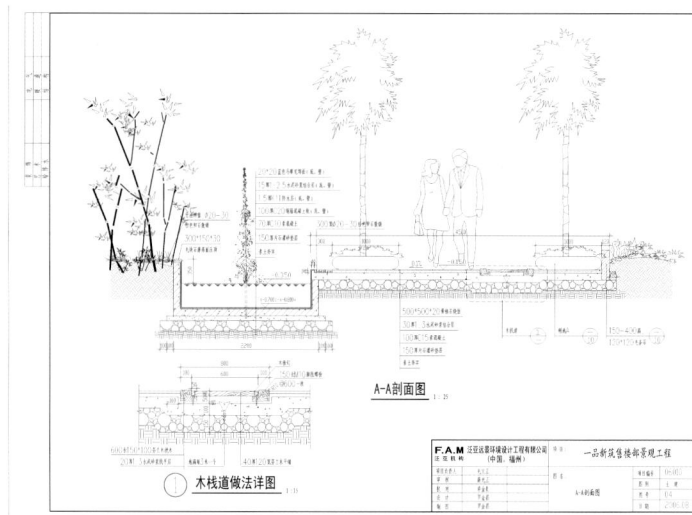

A-A剖面图

木栈道做法详图

F.A.M 泛亚远景环境设计工程有限公司
(中国·福州)
一品新筑售楼部景观工程

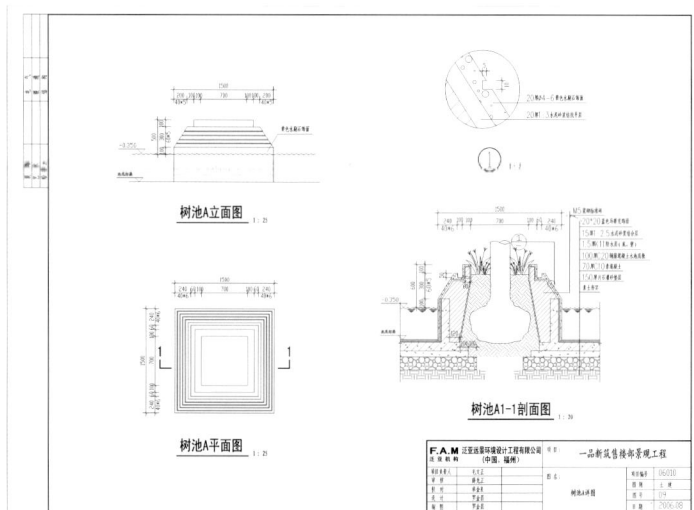

树池A立面图

树池A1-1剖面图

树池A平面图

F.A.M 泛亚远景环境设计工程有限公司
(中国·福州)
一品新筑售楼部景观工程

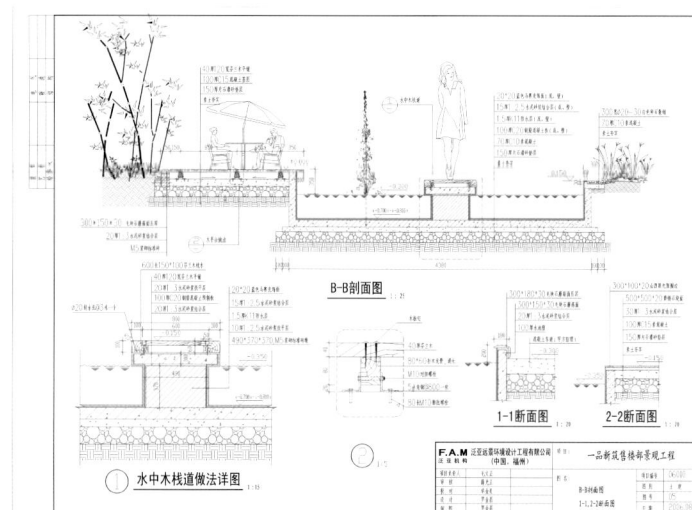

B-B剖面图

水中木栈道做法详图

1-1断面图

2-2断面图

F.A.M 泛亚远景环境设计工程有限公司
(中国·福州)
一品新筑售楼部景观工程

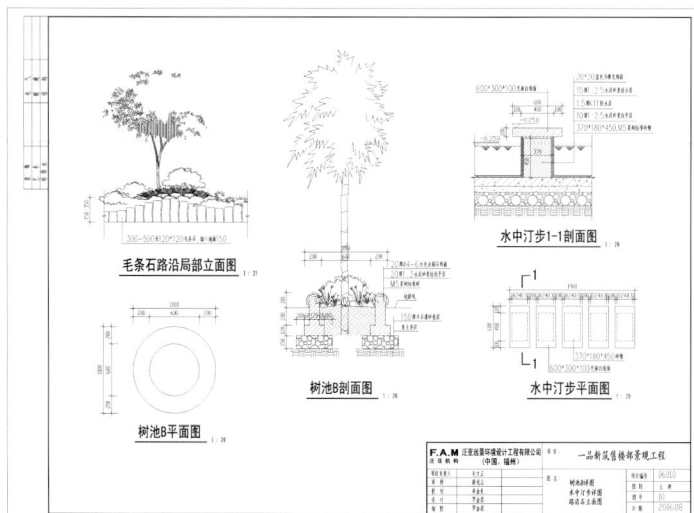

毛条石路沿局部立面图

水中汀步1-1剖面图

树池B剖面图

水中汀步平面图

树池B平面图

F.A.M 泛亚远景环境设计工程有限公司
(中国·福州)
一品新筑售楼部景观工程

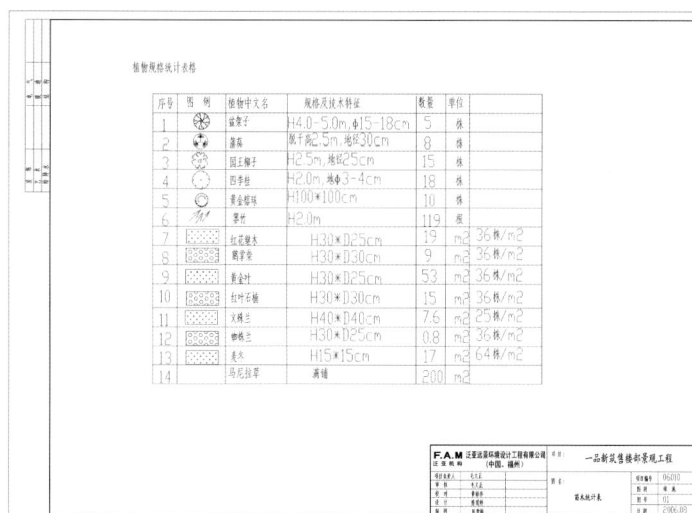

植物规格统计表格

序号	图例	植物中文名	规格及技术特征	数量	单位
1		富贵子	H4.0-5.0m,φ15-18cm	5	株
2		蒲葵	脱干2.5m,地径30cm	8	株
3		国王椰子	H2.5m,地径25cm	15	株
4		西af榕	H2.0m,地头3-4cm	18	株
5		黄金榕球	H100*100cm	10	株
6		翠竹	H2.0m	119	株
7		红背桂水	H30*D25cm	19	m2	36株/m2
8		鹅掌柴	H30*D30cm	9	m2	36株/m2
9		黄金叶	H30*D30cm	53	m2	36株/m2
10		红叶石楠	H30*D30cm	15	m2	36株/m2
11		文殊兰	H40*D40cm	7.6	m2	25株/m2
12		鸢尾兰	H30*D25cm	0.8	m2	36株/m2
13		麦冬	H15*15cm	17	m2	64株/m2
14		马尼拉草	满铺	200	m2	

F.A.M 泛亚远景环境设计工程有限公司
(中国·福州)
一品新筑售楼部景观工程
苗木统计表

墙面装修做法表

编号	名称	做法说明	备注
1	（砖墙） 贴马赛克	1. 14厚1:3水泥砂浆打底、扫毛 2. 刷纯水泥浆一道（内掺建筑胶5%） 3. 3厚纯水泥浆粘结层（内掺建筑胶5%） 4. 贴5厚马赛克 5.纯水泥浆擦缝（或白水泥6擦缝）	贴玻璃马赛克或石板做法同
2	（砼墙） 贴马赛克	1. 刷纯水泥浆一道（内掺建筑胶5%） 2. 12厚1:3水泥砂浆打底、扫毛 3. 刷纯水泥浆一道（内掺建筑胶5%） 4. 3厚纯水泥浆粘结层 5.贴5厚马赛克 6.纯水泥浆擦缝（或白水泥6擦缝）	同上
3	（砖墙） 贴面砖密缝	1. 14厚 1:3水泥砂浆打底、扫毛 2. 12厚1:1水泥砂浆结合层（内掺建筑胶5%） 3. 贴6~12厚面砖 4. 纯水泥浆擦缝（或白水泥擦缝）	面砖品种、规格及颜色由设计人定 砖缝不大于3 （共30~35厚）
4	（砼墙） 贴面砖密缝	1.刷纯水泥浆一道（内掺建筑胶5%） 2. 5厚1:2.5水泥砂浆抹平扫毛 3.12厚1:1水泥砂浆结合层（内掺建筑胶5%） 4. 贴6~12厚面砖 5. 纯水泥浆擦缝（或白水泥擦缝）	面砖品种、规格及颜色由设计人定 砖缝不大于3 面砖不宜大于300x300 （共25~30厚）
5	（砖墙） 贴面砖勾缝	1. 12厚1:3水泥砂浆打底、扫毛 2.12厚1:1水泥砂浆结合层（内掺建筑胶5%） 3. 贴6~12厚面砖 4. 1:1水泥细砂浆勾缝	面砖品种、规格及颜色由设计人定 砖缝8~10 （共30~35厚）
6	（砼墙） 贴面砖勾缝	1. 刷纯水泥浆一道（内掺建筑胶5%） 2. 5厚1:2.5水泥砂浆抹平扫毛 3.12厚1:1水泥砂浆结合层（内掺建筑胶5%） 4. 贴6~12厚面砖 5. 1:1水泥细砂浆勾缝	面砖品种、规格及颜色由设计人定 砖缝8~10 面砖不宜大于300x300 （共25~30厚）
7	石板材贴面 （石缝不流浆做法）	1. 12厚1:3水泥砂浆打底，扫毛 2. 6厚1:2.5水泥砂浆找平 3. 3~4厚高分子益胶泥浆结合层 4.花岗石或大理石贴面 5. 高分子益胶泥浆擦缝	（共30厚）
8	（砖墙） 石板材贴面	1. 14厚1:3水泥砂浆打底、扫毛 2.刷纯水泥浆一道（内掺建筑胶5%） 35厚1:1水泥砂浆结合层（内掺建筑胶5~10%） 4. 8~12厚花岗石或大理石贴面 5. 1:1水泥细砂浆嵌缝	石材品种、规格及颜色由设计人定 石材不宜大于400x400 石材安装前应板背涂一一层建筑胶水（共25~30厚）
9	（砼墙） 石板材贴面	1. 刷纯水泥浆一道（内掺建筑胶5%） 2. 10厚1:3水泥砂浆打底、扫毛 3. 刷纯水泥浆一道（内掺建筑胶5%） 4.5厚1:1水泥砂浆结合层（内掺建筑胶5~10%） 5. 8~12厚花岗石或大理石贴面 6. 1:1水泥细砂浆嵌缝	同上

编号	名称	做法说明	备注
10	（砖墙） 水刷小石米	1. 14厚1:3水泥砂浆打底，扫毛 2. 刷水泥浆一道（内掺建筑胶5%） 3. 10厚1:1.25水泥小豆石面 （小豆石粒径5~8）	面层可用白水泥或彩色石屑，由设计人定，于图中注明 （共25厚） （大面积须绘分割线）
11	（砖墙） 水刷石米	1. 14厚1:3水泥砂浆打底，扫毛 2. 刷水泥浆一道（内掺建筑胶5%） 3. 15厚1:1.25水泥小豆石面 （小豆石粒径8~12）	同上 （共30厚）
12	（砼墙） 水刷小石米	1. 刷水泥浆一道（内掺建筑胶5%） 2. 6厚1:0.5:3水泥石灰砂浆打底扫毛 3. 刷水泥浆一道（内掺建筑胶5%） 4. 10厚1:1.25水泥小豆石面 （小豆石粒径5~8）	同上 （共20厚）
13	（砼墙） 水刷石米	1. 刷水泥浆一道（内掺建筑胶5%） 2. 6厚1:0.5:3水泥石灰砂浆打底扫毛 3. 刷水泥浆一道（内掺建筑胶5%） 4. 15厚1:1.25水泥小豆石面 （小豆石粒径8~12）	同上 （共25厚）
14	（砖墙） 涂料墙面	1. 14厚1:3水泥砂浆打底，扫毛 2. 6厚1:3水泥砂浆罩面 3.刷涂料面层	涂料品种、牌号及颜色施工方法（喷涂、刷涂、辊涂）由设计人定 （共20厚）
15	（砼墙） 涂料墙面	1. 刷水泥浆一道（内掺建筑胶5%） 2. 10厚1:3水泥砂浆打底，扫毛 3. 6厚1:2.5水泥砂浆罩面 4刷涂料面层	同上 （共18厚）

路面做法一览表

编号	名称	做法说明	备注
16	现浇水泥混凝土行车道路面	1. 160厚σ_s=4MP水泥混凝土 2. 200厚手摆片石碎石嵌缝基层 3. 150厚砂或石渣垫层 4. 素土夯实E0>50MPa	（省标闽86J901） 1/32
17	现浇水泥混凝土行车道路面	1. 180厚σ_s=4MP水泥混凝土 2. 250厚手摆片石碎石嵌缝基层 3. 200厚砂或石渣垫层 4. 素土夯实E0>25MPa	（省标闽86J901） 2/32
18	现浇混凝土步道路面	1. 80厚σ_s=4MP水泥混凝土 2.120厚手摆片石碎石嵌缝基层 3. 150厚砂或石渣垫层 4. 素土夯实	（省标闽86J901） 1/33
19	平铺砖步道路面	1.53厚75#砖面层（砂浆勾平缝10） 2. 20厚砂找平层 3. 120厚夯石灌砂垫层 4. 素土夯实	
20	平铺渗水砖步道	1.53厚75#砖面层（砂浆勾平缝10） 2. 砂浆固砼垫块60X60X20 3. 间填30厚砂（渗水层） 4.80厚C15混凝土基层（横坡1%） 5.120厚夯石灌砂垫层	1、C20砼垫块60x60x20放四块砖角间 2.步道单、双坡由设计定

F. A. M
泛亚机构
泛亚远景环境设计工程有限公司
（中国。福州）

地址：中国福建省福州市中山路23号 15之一
[illegible]
电话： 0591-67855-84
TEL： (86)591-87855484
传真： 0591-67855294
FAX： (86)0591-87855294
E-mail:7855484@163.com.cn

备注栏：
1.本图未经我司设计师之批准，不得随意将任何部分翻印，违者必究。
2.尺寸以图内所标数字为准。
若因原建筑设计变更引出施工变化，施工单位发现图纸内容与现场有矛盾之处，应通知设计项目负责人，变更后方可施工。

工程名称：PROJECT
龙岩利来山庄景观工程

建设单位：CONSTRUCTION UNIT
龙岩富健房地产综合开发有限公司

工程负责人	毛文正	
景观设计师 ARCHITECT	张 灿	
审 核 VERFICATURE	毛文正	
校 对 CHACK	潘红平	
设 计 DESIGNER	张 灿	
制 图 DRAWNG	王石发	

图 名：
材料做法表

工程编号 CLIENT	2005-01
类 别 NO.DESIGN	土建
图 号 NO.DRAWING	附2
日 期 DATE	2005年08月

石板步道

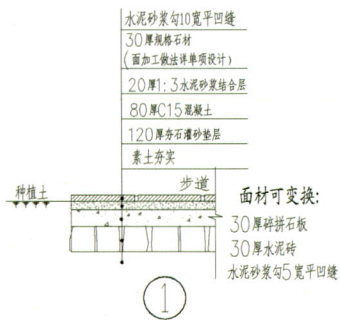

水泥砂浆勾10宽平凹缝
30厚规格石板
(面加工做法详单项设计)
20厚1:3水泥砂浆结合层
80厚C15混凝土
120厚夯石灌砂垫层
素土夯实

种植土　　步道

面材可变换:
30厚碎拼石板
30厚水泥砖
水泥砂浆勾5宽平凹缝

①

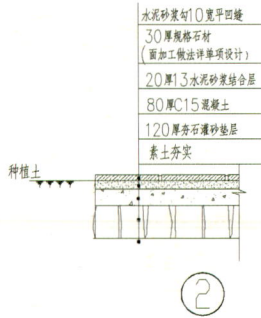

水泥砂浆勾10宽平凹缝
30厚规格石材
(面加工做法详单项设计)
20厚1:3水泥砂浆结合层
80厚C15混凝土
120厚夯石灌砂垫层
素土夯实

种植土　　步道

②

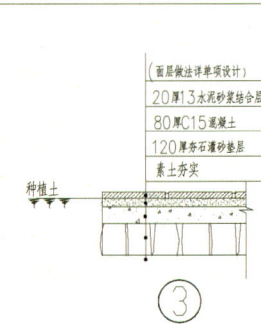

(面层做法详单项设计)
20厚1:3水泥砂浆结合层
80厚C15混凝土
120厚夯石灌砂垫层
素土夯实

种植土

③

小石米步道

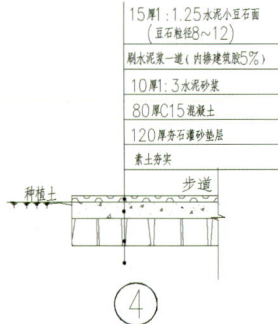

15厚1:1.25水泥小豆石面
(豆石粒径8~12)
刷水泥浆一道(内掺建筑胶5%)
10厚1:3水泥砂浆
80厚C15混凝土
120厚夯石灌砂垫层
素土夯实

种植土　　步道

④

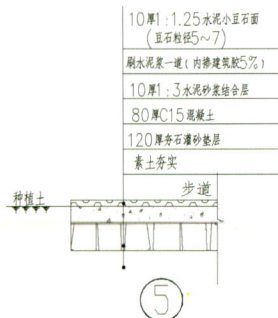

10厚1:1.25水泥小豆石面
(豆石粒径5~7)
刷水泥浆一道(内掺建筑胶5%)
10厚1:3水泥砂浆
80厚C15混凝土
120厚夯石灌砂垫层
素土夯实

种植土　　步道

⑤

嵌卵石步道

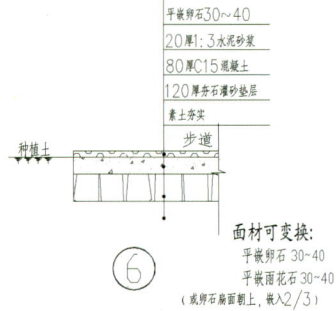

平嵌卵石30~40
20厚1:3水泥砂浆
80厚C15混凝土
120厚夯石灌砂垫层
素土夯实

种植土　　步道

面材可变换:
平嵌卵石 30~40
平嵌雨花石 30~40
(或卵石扇面朝上, 嵌入2/3)

⑥

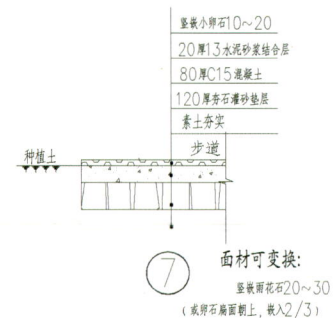

竖嵌小卵石10~20
20厚1:3水泥砂浆结合层
80厚C15混凝土
120厚夯石灌砂垫层
素土夯实

种植土　　步道

面材可变换:
竖嵌雨花石20~30
(或卵石扇面朝上, 嵌入2/3)

⑦

魔法石地面

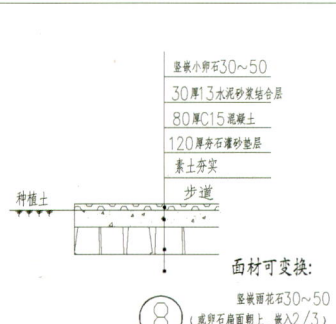

竖嵌小卵石30~50
30厚1:3水泥砂浆结合层
80厚C15混凝土
120厚夯石灌砂垫层
素土夯实

面材可变换:
竖嵌雨花石30~50
(或卵石扇面朝上, 嵌入2/3)

⑧

40厚魔法石地面
10厚1:3水泥砂浆结合层
80厚C15混凝土
120厚夯石灌砂垫层
素土夯实

种植土　　步道

⑪

嵌草砖道

嵌草砖(缝填肥土)
30厚砂垫层
200厚级配碎砾石
200厚夯石灌砂垫层
素土夯实

种植土　　步道

⑨

嵌草砖
30厚砂垫层
150厚级配碎砾石
素土夯实

种植土

(嵌草砖缝中填种植土)

⑩

F.A.M
泛亚机构
泛亚远景环境设计工程有限公司
(中国·福州)

备注栏:

工程名称:
PROJECT
龙岩利来山庄景观工程

建设单位: CONSTRUCTION UNIT
龙岩富都房地产综合开发有限公司

图名:
材料做法表

工程编号: 2005-01
图别: 土建
图号: 共1
日期: 2005年06月